智元微库
OPEN MIND

成 长 也 是 一 种 美 好

EL MONO FELIZ

积极的偏见
成功者的思维习惯

［西］卡洛斯·查瓜塞达 著
程超 译

DESCUBRE CÓMO LA CIENCIA
EXPLICA NUESTRAS EMOCIONES

人民邮电出版社
北京

图书在版编目（ＣＩＰ）数据

积极的偏见：成功者的思维习惯 ／（西）卡洛斯·
查瓜塞达著；程超译. -- 北京：人民邮电出版社，
2022.3
　ISBN 978-7-115-58434-2

　Ⅰ．①积… Ⅱ．①卡… ②程… Ⅲ．①成功心理－通
俗读物 Ⅳ．①B848.4-49

中国版本图书馆CIP数据核字(2021)第269999号

版权声明

◆著　　　　［西］卡洛斯·查瓜塞达
　译　　　　程　超
　责任编辑　张渝涓
　责任印制　周昇亮

◆人民邮电出版社出版发行　　北京市丰台区成寿寺路 11 号
　邮编 100164　　电子邮件 315@ptpress.com.cn
　网址 https://www.ptpress.com.cn
　三河市中晟雅豪印务有限公司印刷

◆开本：880×1230　1/32
　印张：8.5　　　　　　　　2022 年 3 月第 1 版
　字数：280 千字　　　　　2022 年 3 月河北第 1 次印刷
　著作权合同登记号　图字：01-2021-4505 号

定　价：59.80 元

读者服务热线：（010）81055522　印装质量热线：（010）81055316
反盗版热线：（010）81055315
广告经营许可证：京东市监广登字 20170147 号

献给赋予我生命的人
献给与我分享人生的人

献给安娜

除了人类，没有其他物种会惊艳于自己的存在。

——亚瑟·叔本华（Arthur Schopenhauer）

诸位可能不信，在今天之前，很多人都没有获得太多让自己感到幸福的理由。

得益于当今医学研究的发展、卫生条件的改善，以及科学技术的进步，如今人类能活得更长，也能活得更好。科学取代了过去那些不可触犯的教条，虽然我们也必须明白，科学始终在变化，那些旧式教条也并非毫无依据。尽管媒体总是不断地提醒我们，暴力还没有完全消除，但是暴力事件的数量相较过去已经大幅减少。与此同时，利他主义、合作共赢以及设身处地为他人考虑的观念，也在快速地传播着。社交网络帮助我们从懵懂开始逐渐成为独立思考的个体，然后又将我们联系起来成为一个整体，共同抵抗孤独这个怪物。

这样的例子不胜枚举。在所有这些理由中，有一条我认为尤为重要，相比于过去，今天的我们有更多的时间专注于让自己幸福。150 多年来，我们的国民寿命，以及那些发达国家的国民寿命，一直保持着稳定的增长态势，按照人口学家们的预估，人类的寿命每 10 年就能延长 2.5 岁。这就意味着，在我们拥有更长寿命的同时，如果不把时间投入在让自己幸福上，生活将会变得更糟糕。

在这本书中，你可以找到那些与影响我们幸福程度的因素相关的、众多的科学理论和数据。另外我想强调的是，最新的科学发现已经颠覆了我们看待事物、理解自身以及认识身边人的方式。关于从社会和情感角度的学习，你可以从本书中了解到更多的信息。最近几年，我与来自世界各地的数百位科学家进行过交流，而通过以下三项重要的实验，可以肯定，社会和情感学习是有理有据的。

第一项是由现就职于哥伦比亚大学的心理学家沃尔特·米歇尔（Walter Mischel）开展的一项为期数十年的实验：用奖励机制让4岁左右的孩子尝试抵抗糖果的诱惑10分钟，并且告诉他们，如果能够坚持20分钟，就能够获得双倍的奖励。通过这项实验，米歇尔测试了他们的意志力，并且经过多年跟踪研究，证明了这项能力可能影响其成年之后的行为模式。孩子幼年时所表现出的意志力，将可能帮助他在长大以后避免做出危险行为，或是养成不健康的习惯。

第二项研究的研究者是来自伦敦大学学院的埃莉诺·马圭尔（Eleanor Maguire）教授，她通过实验巧妙地证明了大脑具有极高的可塑性，我们可以通过日常行为来改造它。这位神经科学家发现，在伦敦出租车司机的大脑中，掌管空间定向的海马体比其他普通民众更为发达。通过记忆伦敦这座迷宫般的城市的每一条大街小巷，这些司机的海马体中的神经连接数量在不知不觉间大大增加了，这就证明了人类的大脑有极强的"可塑性"，换句话说，我们的行为会对大脑的发育产生影响。

第三项支持社会和情感学习的重大研究成果，就是发现了人类本能思维的重大意义。在此之前，我们一直认为人类的思维是纯理性的，本能屈居幕后，只是在一些意想不到的时刻显露出来。而现在，根据耶鲁大学教授约翰·巴奇（John Bargh）的研究成果，我们了解到本能思维在我们大脑中所占据的空间，要远远大于理性思维，所以我们不仅可以，甚至应该相信自己基础的本能和普遍的情绪。

将社会和情感学习融入学校教育，可以帮助普罗大众理解和管理自己的情绪，而这将极大地提升人们的幸福感。除此之外，我还想再提一项研究成果，以此解释为什么人类在追求幸福的道路上从不会懈怠。

这项成果来自伦敦大学学院的另一位伟大的神经科学家，塔利·沙罗特（Tali Sharot）教授。她经过多年的研究整理得出结论：在来到这个世界时，人类带着与生俱来的乐观。我相信任何一位读者朋友可能都有过这样的自信：认为自己的驾驶水平高于平均水平，觉得自己所做的决定比其他人好，或是认为自己比其他人更加聪明、干练。但是请诸位先思考下面的逻辑：绝大多数人都有相同的想法，而绝大多数人是不可能都优于平均值的。这种自信是由于我们对自己的生活和期望所持的看法存在偏差。而沙罗特教授将这种现象称为"乐观偏差"。

这种乐观的特质，是我们积极进取、砥砺前行和不断创新所必需的，也是鼓励我们追求幸福的动力。如果没有对未来抱有这种乐观的看法，我敢肯定，我们无法在追寻幸福的道路上取得任何进展，甚至我们将无法完成任何事情。事实上，幸福正是这条道路本身，也正是追寻这件事本身，是准备一次旅行，策划一场婚礼，全身心投入那个项目的过程。请享受这些时刻吧！并且，我们始终要为自己寻找新的目标。认识到这一点后，你将在这本书里找到更多幸福的理由。不要错过哦！

爱德华多·庞塞特（Eduardo Punset）①

_____

① 西班牙著名政治家、律师、经济学家和科普工作者。——译者注

本书涉及的 13 个观点

1. 我们的行为决定了大脑的思维模式，相较于理性，我们的大脑更偏向于依赖直觉和感性。尽管经过漫长的进化，大脑学会的技能越来越复杂，但是支配这些技能施放的原始基础从未改变。

2. 我们对现实世界的感知始终是主观的。实际上，我们所捕获的信息并非完全真实，而是由我们的大脑根据感官所收集到的信息进行的重构。

3. 我们的行为不仅由我们的基因决定，也由我们所处的环境决定。这属于遗传基因和后天影响的相互作用，这也能解释我们是谁，以及我们的行为模式。

4. 我们所有的思想、态度和情感，都受制于自身的主观性，而因为这种特性始于对现实世界始终主观的感知，所以我们的推理行为也受制于它。事实上，我们就是太主观了，才会认为自己比其他人都棒。

5. 记忆是具有欺骗性的，它总是能更好地记录那些与情感相联系的事物。此外，我们的记忆往往更偏向于记住整体，而非细节：每当展开回忆时，我们总是将发生过的事情进行重构，然后再加上或修改某些细节。但是，我们都认为自己的记忆力极佳（这又是一项展现我们受制于主观性的力证）。

6. 人类是群居动物，我们的内部发展出了极为复杂的相互关系。与其他个体之间的合作，对我们的生存至关重要，为了生存，利他主义与利己主义对我们同样重要。

7. 社会生活以及对合作的需求，尤其有利于我们大脑的发育，也有利于发展人类的象征性思维，以及彼此沟通和理解他人的能力。

8. 我们生来就具备共情能力，即使是陌生人，我们也能够设身处地地为他人着想。而情绪具有传染性，无须语言就能在人群中传播，这也是我们与他人建立联系的关键。

9. 我们对这个世界的观点存在正向偏差，它使我们敢于承担新的责任和任务。这种偏差能够与我们的恐惧相平衡，而恐惧本身也有着自己的作用。

10. 生理与情绪上的健康紧密相关，且毫无疑问，二者可以互相影响，但这并不意味着"一个微笑可以治愈一切"。

11. 金钱和物质享受可以提升人的幸福感，但是除了给人相对舒适的感觉，它们与幸福并非自动关联。

12. 我们需要付出爱和感到被爱，这样才能宣称自己获得了幸福。

13. 我们对自己的大脑、行为和情绪研究越多，发现也会越多，需要解答的问题也将越多。但是这并非不好，因为幸福已经在路上。

目录

El mono
feliz

第一章

厄瓜多尔之旅

Descubre cómo la ciencia
explica nuestras emociones

本书章页外文为本书原版书名，系西班牙语，直译为《幸福的猴子：科学怎样解释我
们的情感》。

作为幸福研究院 ① 的院长，福利之一就是可以把自己喜欢的事物，分享给那些喜欢它们的人。这真的是一种幸运。我们研究所每年会组织开展或参与 50 多场座谈会、研讨会和演说会，我们希望能够将研究的视角触及全西班牙乃至全球的每个角落。

2013 年 6 月初，我受邀去往厄瓜多尔的瓜亚基尔参加一场关于幸福的报告会。当我得知这场活动将由爱德华多·庞塞特担任主持人时，瓜亚基尔这座迷人的城市似乎散发出更大的魅力。我大概无法鼓起勇气自陈于其面，因为仅是他的名字就足以让我产生足够多的内啡肽和孺慕之情。

任何有过公开发言经验的人都知道，在发表演说前，首先需要与观众建立联系，而且要尽量通过一种有趣的形式。说那些矫揉造作的故

---

① 可口可乐公司在西班牙发起的社会公益研究项目，全称为"可口可乐幸福研究院"。——译者注

事不行，聊畅销书也不行，哪怕是《谁动了我的奶酪》(*Who Moved My Cheese*)。所以，从出发前的好几天起，我就一直在寻找能够帮助我在瓜亚基尔控场的"灵感"。还好，在这日复一日的焦灼中，我很幸运地找到了比千篇一律的故事更值得讲述的东西：我找到一本极其贴近我此行经历的书，就连它的书名——《怀疑论者的幸福》也很适合我此次报告的主题，虽然我最终没有选择这个题目。我原计划乘坐伊比利亚航空的航班，于 6 月 3 日星期三的中午 12:45，从 4 号航站楼的卫星厅出发。在那里坐过飞机的人都知道，比起马德里，这里更靠近瓜达拉哈拉。航空公司一般会建议大家在飞机起飞前两小时左右抵达机场。即使面对这样善意的提醒，不同的人也反应不一，因为每个人的大脑处理接收到的信号的方式都不尽相同。

变化的压力源

通常，我不会在上午沉溺于工作，但是在那天上午，直到 11:45 我还坐在办公室里。就在我意识到时间的那一刻，我脑海里突然警铃大作，一边提醒自己要保持冷静，另一边要全力以赴："生存还是毁灭"(to be or not to be)。

在那一刻，我感觉压力倍增，就是那种我们的身体准备好做出反应，且所有人在危急关头都能感觉到的生理压力，虽然我当时面临的赶不上飞机的情况相对比较荒诞，因为我甚至没有办法在 60 分钟内赶到机场。我的大脑飞速地计算着概率，并且分配着赶路、值机、穿越航站楼和登机所需的时间，以此增加计算的可信度。

当时我感觉自己就像《24 小时》（ *24 Hours* ）^①里的角色，亲身经历着一场争分夺秒的生死游戏，不停地怀疑自己能否按时到达。然而突然之间，一切又改变了，时间仿佛进入了第二个维度。

为什么？是自我控制吗？是放松心情了吗？还是精神控制呢？

都不是。虽然我猜肯定有人能够做到其中之一，但是对我来说，确切地讲，是对我的大脑来说，真实的情况就好像"虱多不痒，债多不愁"一样，我不再担心能否按时到达机场，因为我突然意识到另外一个要紧但却被忽略的问题：我的护照哪去了？

我确定我肯定不是第一个，也不会是最后一个在去往机场的路上才发现自己没有带证件的人。切换到旅客模式之后，我做了所有人都会做的事：拍拍自己的外套口袋（女士们则一般会检查自己的手袋），然后发现里面是空的。

一场从数月前就开始准备的旅行，一群约好要见面的友人，长达13 000 公里的路程，冒着被当成白痴的风险，就因为我甚至想不出其他拿得出手的理由。我在上一秒还焦灼万分，这一秒，那些让人无法感受快乐的时间问题，已不再对我的情绪形成任何压力，取而代之的是护照这个小家伙，就像罗哈斯·马科斯（Rojas Marcos）说的，这个"偷走我幸福的小偷"。

护照的事稍后再聊，这里我想请大家注意，压力来源是如何发生变化的，以及"时间不够了"的焦虑，是如何以非暗示的无意识形式，转变成"没带证件"的焦虑的。这种形式正是情绪发挥作用的形式：我们

---

① 美国福克斯公司制作，英国广播公司发行的知名剧集，讲述一天内美国反恐小组 CTU 进行的一系列反恐行动。——译者注

认为是由自己控制的神经弹簧，其实是在控制着，至少限制着我们的理性思维。

前面的故事里我跳过了几个中间阶段，因为事实上所有这些念头都发生在 5 分钟内。继续来说我仍旧持续的护照焦虑。

我首先排除了自己开车回家的选项，因为无法预计寻找停车位所将耗费的时间，也不敢心存侥幸而乐观地认为自己可以避开午间的交通高峰。幸好一位好心的出租车司机看出了我的窘境（也有可能是我脸上就写着一个"囧"），他愿意竭尽全力先送我回去取护照，然后再赶回机场，但是紧接着我还需要立刻托运行李，穿过 4 号航站楼，抵达卫星厅的登机口：所有这些事情都必须在不到一个小时内完成。

生活中的很多事情就是这样：当你迫切需要某个东西时，这种缺失会产生比任何其他焦虑都要沉重的压力。还没有取到护照的时候，它就像压在我头顶的一座大山。而事实上，当我坐上出租车赶回家时，距离我的航班起飞只剩下 50 分钟，但是我的理智尚且能够平衡时间压力。为什么？因为如果我的理性思维已经得出结论，已经不存在赶上当天去往瓜亚基尔航班的实质可能性，那么那些让我保持活跃的"正向"压力，都将会消失。

那么在我拿到护照之后，又出现了什么情况呢？你肯定已经猜到了：从那一刻起，护照不再对我的压力状态产生影响（荒谬的是，我拿到护照那一刻，甚至对它产生了厌恶）。但是重点就在那一刻，不偏不倚，我之前认为还比较灵活，能够尽在掌握的时间（即使仅剩下 45 分钟了），又重新成为一项重压。

解除没带证件的焦虑之后，时间来不及的焦虑又重新出现了。一项新的研究证明了一件也许我们都曾亲身经历过的事：我们的大脑和神经预警系统能够以无意识且不受理性控制的形式，对威胁进行优先级排序，一个接一个地呈链式反应。在压力状态的世界里，让我们感到焦虑的问题，从来不会像从自动提款机取款那样，通过窗口依次提示，提供多个选项（活期账户、借记账户、是否打印凭条等），而是让我们根据自己的需求自行分析，理性选择。

这趟旅途的窘迫事远不止于此，跟后面发生的事情一比较，这无疑是冰山一角，我甚至感觉自己明白了以后应该怎样根据这些生活日常，向怀疑论者解释幸福和情绪。我先说说这一段落的结论：我及时赶到了登机口，当然在此之前也无数次咒骂过自己这该死的拖延症，没能更有预见性，而是将所有问题留到了最后一刻才解决。

读者朋友应该已经想到了，就像所有曾在误机边缘疯狂试探的人一样，我在穿过巴拉哈斯机场的通道时，一直低声告诫着自己："我再也不要干这种事了！再也不要！"还要跟未来的自己约定："如果我能赶上这班飞机就好了，哪怕是因为航班延误！而且我下次一定改！"这些行为都不是我独有的。

无法满足的幸福感

在登机出发之前，这一天的经历已经以非常实际且具体的形式教会了我，大脑是怎么对我们日常生活中的紧急情况进行优先级排序的，并帮助我们集中精力优先处理那些无法拖延和逃避的事情，以及面对压力时身体是如何反应的，包括心率加快，呼吸加快，并且分泌皮质激素。但在接下来的航程中所发生的事，则为我提供了另一个更为清晰的，关于情绪感知和不满足的例子。

起飞几个小时后，飞机在大西洋上空航行，这时我决定尽量让自己休息片刻。为了调整到一个舒服的姿势，我决定站起来，把衣服口袋里的东西全部掏出来。如你所想，我们每一个人在面对类似情况时，所做出的行为都极其相似。

我想我在做出这个决定的时候可能并不是完全清醒的，但是可以确定的是，我当时确实决定把钱包和手机（又一次证明，在面对难以取舍的物质财富时，我们大家所做出的选择都是类似的）放在座椅和扶手之间的空隙中。这里也是我在闭上双眼之前最后看见它们的地方。

几个小时之后，我醒了过来。例行公事的第一反应就是去拿我的手机。但是在我记忆中的位置，没有手机，也没有钱包……

大家应该都经历过这种情况。当我们找不到之前放着的物品时，总是会做出这样的反应："我之前就放在这儿的啊！我敢保证我就放在这儿的！"这么说吧，我们的大脑在面对各种选择的同时，也在尝试着进行情景重构，就好像我们将之前的情况重走一遍，那些不翼而飞的东西就会突然再次出现一样。

作为一个怀疑论者，我当然也不能免俗："我明明就放在这里的啊！就这儿！"然后一遍又一遍地检查空空如也的扶手空隙。经过短暂的荒乱，我冒出另一个荒唐且失去理智的念头：我翻找了我的背包，即使我心里很清楚一定也不在那里。

这种情绪十分有趣，有的时候，在开始处理某个复杂，或者可能破坏我们当前平衡的状况前，我们会做出一些试图躲开这个现实的徘徊和回避。

现实就是我当时已经完全清醒，但是手边没有钱包，没有手机，也没有护照，更没有办法访问我的电子邮箱，而此时距离我抵达目的地只剩下2个小时了。这种进退两难就像《苏菲的抉择》(*Sophie's Choice*) ①，当然没有电影情节那样的戏剧性（影片中，女主角被迫在2个孩子中间，选择保住其中一个），我的大脑只是无意识地提出了一个问题，而且紧接着就非常理智地做出了解答："我更希望找到护照还是手机？"我选择护照。

意识到找到护照比找到手机重要得多之后，我决定找一找在逻辑上护照可能掉落的地方。座椅扶手其实并不像我想象的那样，能够形成一个底部封闭的空间，而是有一点儿活动的余地，座椅发生移动时，装有护照的钱包可以从这个空隙处滑下去。然后，我就在座椅下面发现了我的钱包。

我成功地通过座椅与靠背之间的空隙，将一只手伸了下去，然后，就像布鲁斯·威利斯（Bruce Willis）在他的几乎每一部电影里都会做的那样，第一次尝试我只是摸到了在找的东西，但是没能捡起来。可我至少确定了它确实在那儿。这种情况能相对地缓解人们在以为自己弄丢了某样东西（包括证件、银行卡、现金等）时，所感受到的压力，并且使其进入"好家伙！你可以的！"的激励或奖励模式。而我经过差不多10分钟的挣扎和努力，终于在座椅深处亲手掏出了这个调皮的小东西。

重获护照，然而，重获身份证明给我带来的轻松感没能超过1秒。又发生什么事了呢？为什么我没能获得更为持久的平静感呢？答案非常简单：因为从重新找回钱包的这一刻起，钱包就已经不再是我不快乐的源头了，这时，我那个找不到的手机来到了第一位。

---

① 美国经典电影，由凯文·克莱恩、梅丽尔·斯特里普等主演，于1982年12月8日在美国上映。——译者注

我的大脑之前一直把找回护照这件事放在第一位，而在得知这个问题被解决后，它翻开了新的一页，又将寻找消失的手机提到了第一位。要是没有手机，我将没有办法与研讨会的负责人取得联系，也就无法在瓜亚基尔机场找到接待我的东道主，未来在这里停留的 4 天里，查看电子邮件以及其他很多事情，都将会变得非常麻烦。

在这里我学到的东西，与之前差点儿误机和忘带护照时学到的相同。两种情况下的行为模式也是如出一辙。在同时面对两个问题时，我们会专注于其中之一，可能是任何一个（我们可以在处理过程中随时改变优先级顺序，或是将两个问题交替放在第一位），人类的大脑就是以这种形式工作的。这样可以避免出现像布里丹的毛驴①那样的情况，虽然在它的左右两边都放着食物，就因为距离相同，它没办法决定去吃哪一边的食物，最后还是饿死了。

我已经竭尽全力去找了，并且随着时间流逝内心备受煎熬，但是手机根本不在钱包之前掉落的位置（我又在钱包滑落的空隙摸索了差不多 10 分钟，基本可以确定手机确实不在那儿），于是，我觉得是时候做一些丢脸的行为了。

我趴在地上，以便能够看清楚那些隐藏的角落，并且寄希望于在优雅的空乘小姐发现这位举止诡异，脸几乎已经贴到地毯上的乘客之前，快速找到我的手机。但是遗憾的是，我并没有这个运气。

空乘小姐看到后，非常友善地询问我发生了什么事，以便可以帮助我。我向她简要地说明了我当时所面临的情况，但是因为机舱内空间

---

① 布里丹毛驴效应，由大学教授布里丹提出，描述的是决策过程中犹豫不定、迟疑不决的现象。——译者注

实在狭小，我只请她借给我一个衣架，然后按照《荒野求生》①（*Man v.s. Wild*）的风格，我得到了一个类似鱼钩的工具，用它来尝试伸到那些我的手够不到，或是伸不进去的空隙中。

我想那位女士应该是怀着善意，希望避免我的尴尬行为延续更长时间（坐在两边的乘客互相靠着手肘打量着我，其他排的乘客投来了探究的目光，而更谨慎的那些人则通过座椅间的空隙投来了关切的目光），于是她为我打开了手电筒。

我就这样四肢着地趴在那里，用我那简陋的钩子，借着那一束善意的手电光，摸索着座椅下狭窄而黑暗的空间，同时周围人七嘴八舌的议论声不绝于耳："发生什么事了？""他在找什么呢？"间或也夹杂着几声嗤笑："真麻烦！""我也干过这种事，不过是在火车上。"但是几分钟后，大家不得不回到自己的座位上坐下（包括空乘和围观群众），因为飞机马上就要着陆了，而我仍然没有发现手机的踪迹。

空乘小姐在回去坐好之前，走到我的座位旁，微笑着告诉我："别担心，我们已经通知了地面工作人员。抵达基多之后（飞往瓜亚基尔的航班将经停基多），他们会派一位机械师上来帮你找到手机。"那在这个时候，我的脑子在想什么呢？当我的焦虑值上升到一定程度，空乘小姐这些安抚的话语并不能帮助我平静下来。那么我那失而复得的钱包，此刻又能不能聊以慰藉呢？完全不能。

为什么？因为当它消失时，我感觉失去了什么，但是在重新找回它

---

① 探索（Discovery）频道的热门探险纪录片，主持人贝尔·格里尔斯，因为其在节目中所食用的东西太过惊人，而被冠以"站在食物链顶端的男人"的称号。——译者注

之后，我没有感觉得到了什么，只是回到了原本的状态而已。而且只找到了钱包，并没有找到手机。

飞机降落的过程一切正常，甚至可以说非常平稳。等所有乘客下机之后，一位机械师带着他的工具腰包，以及全世界最顶尖的技术上来了。当时机舱内只剩下我一个人，因此他立刻就知道需要帮助的那个人就是我，然后他安抚了我："别担心，我们会找到的，这种事经常发生。"我回应他一个微笑以示感谢，但是心里明白这大概只是个善意的谎言，只是不想让我因为眼前这一幕，显得尴尬可笑。

这位看起来快60岁的男士，开始搜索、翻找和仔细寻觅，但是一无所获。然后他拿出了一支比我们前面所使用的亮得多的手电筒，我俩像两个菜鸟侦探一样，漫无目的地摸索着地面。

这时，将留在基多休整的机长，跟副机长和航班监运员一起过来了。所以现在有8个人，我们将一张座椅团团围住，它虽然无法移动，但是在其内部的某个角落里，藏着一个负隅顽抗，不愿暴露自己踪迹的手机。每个人都给出了关于应该去哪里找手机的建议，但是我似乎能听到他们内心的真实想法："简直太无聊了！你怎么就不能把它放在背包里呢？"而我作为一个演说者，尝试在这些荒诞的事件中提取出一些具有教育意义的部分，为瓜亚基尔的讲座提供一件可用的趣事，但是很遗憾，我失败了。

又经过了10分钟的搜寻，我们几乎已经拆掉了整个座椅：把坐垫部分取下来，反复折叠展开；拆下外罩时甚至掉下了一些尚未腐坏的残渣，但是仍旧没有发现手机的踪迹。

机械师决定将自己的手臂伸到已经折叠起来的靠背板条之间，然后"惊喜"地发现，他的手臂被卡住了。经过反复尝试拉扯无果后，他开始有点慌了，头上的汗也越来越多。

这时，机长说出了一句我可能永远都不会忘记的话："你别自己使劲，你越用力，手臂就会越肿，你稳住别动，我们来帮你。"然后我们开始帮他拉出手臂（从技术层面讲，被卡住的其实是他的前臂），但是手臂纹丝不动。而当时唯一算是正面的情况是，我已经不再在乎我的手机了，而是希望这位好心帮助我的先生可以毫发无损地全身而退（又一次证明，我们的心理在面对压力的情况下，会不自觉地建立优先级标准）。

这一做法并没有奏效，于是我选择尝试独自解决：我用力拉拽靠背的板条，以便他的手臂能够抽出来。我做到了，而机械师手臂的获救立马产生了相应的效应：我的心理需求优先级被重建，手机再次成了我的首要焦虑点。

不过，俗话说，天无绝人之路，剧情就在这一刻得到扭转，我们遇上了神奇的转折，就像迪士尼的电视剧情节一般，刚刚得到解救的机械师向他抽出手臂的空隙中看了一眼，然后打开手电筒照了照，说道："那里好像有东西！"不出所料，正是我的手机。

我跟机组人员一一热情拥抱，并向他们致以感谢，而这位我刚刚结交的最好的厄瓜多尔新朋友，将折磨我多时的手机交给了我。那么在拿到手机的那一刻，又发生了什么呢？

你肯定已经猜到了：重获手机并没有为我带来什么特别的感受，而只是帮我重新建立了被偶然事件——还有我的笨拙——所打破的平衡，但是没有为我带来哪怕一丝幸福感。

如果我此行去厄瓜多尔的目的并非参加关于幸福的研讨会，这些事情肯定不会让我记得这么详细，但是既然我要去谈论关于幸福的事，而我正巧在构思开场的小故事，便将这些情节重新组合起来，得到了一个真实的故事，来解释一些非常简单的东西，即使像我这样的怀疑论者，也不得不接受。

如果当我们失去所拥有的东西时，我们会感到不幸福，那么为什么当我们重新拥有它时，却并不会感觉幸福，或是并不会感觉它能帮助我们获得幸福呢？很简单，因为我们并不珍惜它，所以如果我们想要让自己更幸福，或是让自己走上幸福之路，我们得从头开始，珍惜当下所拥有的东西。

El mono

feliz

第二章

大脑，那个卓尔不群的器官

Descubre cómo la ciencia
explica nuestras emociones

我们的行为决定了大脑的思维模式：我们会有意或无意地将日常生活的点滴记录在大脑中，不管它们是不是自己喜欢的内容。感官会帮助我们捕捉周围发生的事，但是对这些事情进行解读、分类，甚至重构的，是我们的大脑。

有很多方法可以验证这一点，甚至无须进行深入的科学研究，也不需要进行抽象的哲学讨论，最简单的方式就是去看看阿尔茨海默症患者的极端案例。在这些神经元（脑细胞）或其他颅内组织出现不可逆病变的患者身上，我们可以看到他们的记忆是如何一点一点地褪色和消失的，而那些曾经在他们生命中至关重要的物品和人，也将逐渐淡化，甚至失去其存在意义。

以最具破坏力的疾病之一为例进行讨论，并不是一个正统的、关于幸福的篇章应有的开头，但这是一部写给怀疑论者的作品，极端的案例通常最能力证其观点。当然，也有一些研究流派认为，这种疾病仅仅出现在人类身上，可以说这是我们这个物种为了换取所有物种中，最为发达和非凡的器官，而不得不付出的，进化的"代价"之一。

三位一体

如果我们就最著名的历史名人名言进行一次快速的问卷调查，我敢保证我们一定能看到由这两个人留下的言论：恺撒大帝和温斯顿·丘吉尔。

在恺撒大帝曾在向罗马元老院发出泽拉战役胜利的捷报时，留下了著名的那句"我来到，我看见，我征服"（Veni, vidi, vici），当然还有他在违反罗马共和国法律，带领他的军团跨过卢比孔河，踏上回罗马的道路时，所留下的那句"木已成舟"（Alea jacta est），那时，恺撒将自己置于明确挑战当权者的境地，要么成为征服一切的胜利者，要么被当成叛徒（毫无疑问他最后打赢了这场内战，虽然就在几年之后的 3 月 15 日，他遇刺而亡）。

而这位英国前首相，与拿破仑一样，都是历史上那些最掷地有声的宣言的作者之一，他们所做的那些演说，经常在各种文章中被引述，但这些引述的使用有时却是错误的。在他发表的所有演说中，最振奋人心的当属他在第二次世界大战期间成为英国首相时，对所有英国国民所做出的承诺，当时由于美国仍保持中立，英国已经到了至暗时刻。他当时的承诺是为英国奉献"鲜血、汗水和眼泪"①，这段宣言也被载入史册。

---

① 演说的原文为"除了鲜血、辛劳、眼泪和汗水，我什么都没有。"（I have nothing to offer but blood, toil, tears and sweat）。1940 年 5 月 13 日丘吉尔首次以首相身份出席下议院会议，发表了上述讲话，从而赢得了下议院的支持。——译者注

　　然而，丘吉尔真的是这么说的吗？事实上并非如此，或者确切地说，并不只是这样。他当时承诺奉献"鲜血、汗水、眼泪和辛劳"（原文的字面顺序为 blood, toil, tears and sweat），但是不管是"努力"还是"决心"（toil）都没有被记录下来。为什么？这是后来进行的修正吗？还是迟来的修饰？都不是。真实的原因其实很简单：由于某种奇怪的原因，我们的大脑更容易记住那些由三个元素组成的概念和话语，所以在这种情况下，第四个词就被遗忘了。

　　这种情况对所有地区的人都一样，这并不是某一个国家独有的特质，更不是英国人的特质。博莱罗舞曲总是强调我们在爱情中应当奉献三件事：灵魂、心灵和生命[①]，而说到幸福，我们总是将其与健康、金钱和爱联系在一起[②]。

　　虽然这些例子并没有直接关联，却能够提醒我们，大脑并不是由一个，而是三个部分组成，或者确切地说，大脑是一个由三个重叠的不同结构组合而成的复杂器官，其中的每一个结构都对应着我们人类这个物种不同的进化时刻。

　　用比较系统的形式来讲，我们大脑中有一个区域跟爬行动物的脑类似，它参与所有人体的自主功能，且可以控制确保生存所需的无意识机

---

① 三重奏乐队 Los Panchos 于 1990 年发行的专辑 "Todo Panchos" 中，收录的歌曲 "Alma, Corazón y Vida"。——译者注

② 由于这种格式的文本更容易融入我们的记忆，所以在广告词中使用时辨识度极高，比如坎普公司的经典广告："寻找，比较，如果找到更好的，那就买下它吧！"（Busque, compare y si encuentra algo mejor, cómprelo）而另一项证明这种偏好并非现代文化的证据是，早在三百年前，西班牙皇家语言学院在确立其口号时，选择了另一种形式来组合三个概念：清洁、修复并赋予荣光。

制；我们大脑中的边缘系统与哺乳动物类似，在"恐惧 – 奖励"的双重刺激引导下，管理着我们的日常行为和情绪；最后是我们大脑中的新皮层，它所管理的功能包括抽象、推理、语言、意识思维等，简单地说，就是所有智人（Homo Sapiens）特有的属性。尽管这种描述可能并不是非常准确（因为所有这些结构之间互相联系，并且共同作为唯一的决策中心），如果我们想从另外一个角度看，按照上述的顺序，它们依次掌管着人类的本能、情绪和情感。

为什么是这样的呢？很简单：人类是进化的结果，在我们的人生道路上，我们总是在不停地学习或开发生存所需的工具。

达尔文用毕生时间证明了两件事：所有生物都有一个共同的起源，以及自然会"奖励"那些能够保证自己具有更大生存概率的变化（突变），而这也是理解我们是谁和我们的身体内部是如何运作的基础。

第一点很容易理解，我们可以选择一个任何人都能观察到的，极其普遍的例子：所有的狗，所有不同品种的狗（根据各种数据来源，大约在 500~700 种之间）都来自同一种动物，这中间它们只是经过了由杂交或是人为干预得以促进或是增强的，不同的基因变化。这个例子虽然没什么科学意义，但是能够非常方便地证明自然是允许多样性存在的，而通过大丹犬和吉娃娃所共有的特征，能够确定它们二者事实上属于同一物种，这一点是毋庸置疑。这个例子并不是由我，而是由理查德·道金斯（Richard Dawkins）提出的，他是科学界最伟大的科普作家和雄辩家之一，也是达尔文主义最激进的坚定追随者和捍卫者，其代表作是

《自私的基因》(*The Selfish Gene*)。[1]

为了进一步了解地球生命的核心本质，以及科学发展是如何永不停歇的，2013 年，中国发现了草食性哺乳动物的第一个祖先，它大约生活在距今 1.6 亿年前，体长大概有 17 厘米。由于被发现时骨架几乎是完整的，于是我们可以了解它的牙齿是怎样发生的变化，发现它不仅可以啃食植物茎秆，甚至可以啃食其他的动物。根据它脚踝的形态，推测它可以做出"后腿向后的过度旋转"，这样它就具备了足够自身生存、繁殖，以及随着时间推移，开辟进化道路的竞争优势。

回到我们的主题，还好我们不用继续讨论人类与黑猩猩的进化关系：在"短短"的 600 万年前（大概就是在人类的第一代祖先开始从树上下来生活时），我们开始与黑猩猩分道扬镳，但是，我们当然还有更早的祖先，以及比他们还早的祖先……直至追溯到大概是在海洋的水生环境中出现的第一个细胞[2]。这个时间看起来很遥远，但是如果我们把它与大爆炸的发生时间相比却完全不值一提，那是宇宙的起源，根据相关领域科学家的最新研究，大概是在 137 亿年前。

还有另外一种形式，可以让我们理解所有生物起源于同一种生命本质这一观点，那就是基因。

---

[1]　我尝试过去调查目前世界上到底现存多少个品种的狗，发现有一个国际犬业联盟，他们承认的犬种有 337 个，但是根据其网页描述，这个组织似乎更像是个育种者联盟，讨论更多的是关于血统的问题，而不是进行科学的分类。不过我们只需要这项大概的数据来帮助理解这个论点。

[2]　还有一种颇具争议的理论——有生源论，但是在科学家中并没有引起更大反响。根据这一理论，生命实际上起源于火星，通过陨石碎片到达地球，并开始在这里繁衍生息。这两种理论唯一达成共识的就是时间，都是起源于大约 38 亿年前。

近几年这一理论非常流行。2000 年，时任美国总统比尔·克林顿与时任英国首相托尼·布莱尔一道，向全世界展示了人类的基因组序列。自那时起，关于基因的研究和认识就在不断进步。稍后我们还将聊到先天遗传（基因）和后天获得（环境），以及在影响我们的幸福方面，二者的关系。现在让我们首先关注这样一个令人尤为感兴趣的事实：人类所独有的基因其实特别少，甚至几乎没有，我们的绝大部分基因都是与其他物种相同的。这也就解释了为什么我们的大脑，或者更准确地说，我们大脑中的两个部分，具有很多与其他动物相同的特征。

应该不会有人否认黑猩猩（或者倭黑猩猩）在某种程度上，或多或少算是人类的祖先，但是我不知道诸位是否知道，根据相关研究数据，我们与黑猩猩之间的遗传密码，重合度高达 98.5%~99%，而与小鼠的基因相似性也达到了 90%。在发现我们所拥有的基因数量（最常被引述的数字为大约 23 000 个）之前，人们通常认为人类这个物种的差异性或是优越性，在于我们拥有比其他动物数量大得多的遗传密码，并以此解释为什么我们能够完成更多、更复杂的任务。而今我们已经知道了，这一观点并不正确，因为哪怕是一只蚊子的基因，也大约有一半数量的与智人的基因相似[①]。

我们在序言里已经说过了，本书不是一本关于科学研究或是神经科学研究的书，而是关于幸福的书，因此，这本书里所表达的观点，都是以综合且概括的形式出现的。然而，大脑相关主题的科学文献，是我们能找到的，数量最多且最有趣的。除了针对具体问题进行引述的职责，

---

① 作者引用的数据来源于创作本书时可获得的研究数据，不代表最新研究结论。——编者注

我还建议诸位看看下列著作：《进化的大脑》[1]《爱的起源》[2]《怪诞脑科学》[3]《躲在我脑中的陌生人》[4] 以及《定制的大脑》[5]。

那么，为什么我们要在一本讨论幸福的书里说到大脑呢？因为大脑是感觉幸福的地方，它负责感知、处理和体验幸福。

在智人的体内，大脑三个结构的重量之和大约为 1.5 千克，对于这样一个重要的器官，这个数值似乎并不高，但是它却使得我们在能力上有别于自然界的其他生物，并且在个体层面上，让我们成为独立的个人，区别于所有其他人类。因为世界上不存在两个完全相同的大脑，居住在这个星球上的七十多亿人中，并没有两个完全相同的人。

以人类 75 千克的平均体重为例，大脑中这块平均重量仅为 1.5 千克的灰白色物质仅占身体重量的 1/50，其每日所消耗的能量，却占身体消耗总能量的 20%，其重要性可见一斑。一些医学杂志的文章中说道，每 100 克脑组织每分钟大约消耗 5.6 毫克葡萄糖，不过我认为我们没必要了解这么多细节。如果我们想从另一个角度看待这个问题，可以想想

---

[1] Linden, David. El cerebro accidental: la evolución de la mente y el origen de los sentimientos. Paidós Ibérica, Barcelona, 2010.

[2] Lewis, Thomas, Fari Amini y Richard Lannon. La mente enamorada: una perspectiva científica sobre el cerebro y los vínculos afectivos. RBA Libros, Barcelona, 2012.

[3] Marcus, Gary. Kluge: The Haphazard Construction of Human Mind. Londres: Faber and Faber, 2009. [Kluge: la azarosa construcción de la mente humana. Ariel, Barcelona, 2010.]

[4] Eagleman, David. Incógnito: las vidas secretas del cerebro. Anagrama, Barcelona, 2013.

[5] Vincent, Jean-Didier, y Pierre-Marie Lledo. Un cerebro a medida. Anagrama, Barcelona, 2013.

人类对睡眠、休息、关闭中央思维系统的需求，以及我们是怎么睡着的（包括在一些违背我们意愿的情况下）。

大脑对人类如此重要，以至于我们的身体结构的建立和进化，都是为了增加它的容量。胡安·路易斯·阿苏瓦加（Juan Luis Arsuaga）[①]在其著作《物种之旅》中，以一种绝妙的形式对这一理论进行了解释。

凭借着所拥有的友情，我大胆地将人类经历的进化演变，总结成便于记忆的三部曲式结构：当人类从树上下来时，我们解放了双手，不再需要攀爬树枝；当我们来到平原上，直立行走能帮助我们看得更远；而牙齿所发生的变化，使得我们能够啃食肉类，这样就能获得更多能量供应，有利于身体发育。

人类并不是大脑尺寸最大的物种，这一点并不符合人们通常的猜想，尤其是当我们尝试用大脑尺寸来解释人类与其他动物在智力上的区别时。即便是尼安德特人[②]的大脑都比智人大，但是他们却在与智人的残酷进化竞争中灭绝了，因为智人虽然身材较小，体格较弱，肌肉较少，但是他们社会性更强，智力发育也更快（相比于用石头或是棍棒贴身作战，智人能够从远处投掷长矛）。虽然现在尼安德特人已经不复存在了，但是他们的遗传密码仍然留存在我们体内，这就表明在远古时代的某个时刻，在某些地区，人类的不同物种之间也可能出现过杂交。

鲸类的大脑尺寸比人的大脑大得多，大象的大脑尺寸也比人的大脑

[①]　西班牙马德里康普顿斯大学（Universidad Complutense de Madrid）的古人类学家。——译者注

[②]　欧洲古人类，因其化石发现于德国尼安德特山谷而得名。12万年前出现在欧洲、西亚和北非，消失于2.4万年前。——译者注

大得多，但这并不意味着它们的智力更高。因为衡量智力的并不是大脑的尺寸，而是大脑与其身体的相对比例。就大脑重量与个体总重量的比值，也就是所谓的脑化指数而言，没有任何物种超过人类。假设一头鲸的重量达到了 40 吨，也就是约为一个 80 千克的人类的体重的 500 倍，那么如果它具有与人类相同的脑化指数，则它的大脑重量应当约为 75 千克。而事实上，鲸的大脑实际重量仅仅约为这一数字的 1/10。

这里有一个针对悖论爱好者的特别提示：上述观点并不适用于昆虫，或是其他身体尺寸极小的生物，若试图从比例上进行争辩，蚂蚁的脑化指数则高于人类儿童的标准，这显然并不可取。脑化指数并不适用于所有动物，而是仅适用于拥有发达的大脑，能够组合出复杂神经元网络的动物。因此，我们无须讨论蟑螂的智力高低，但是可以指出的是，黑猩猩的脑化指数比大猩猩高，因此，虽然它们的大脑更小（黑猩猩的大脑平均重量约为 350 克，而大猩猩则超过 400 克），但是智力更高。

说回达尔文和他的《物种起源》（ *The Origin of Species* ），人类的大脑也符合这篇巨著中的论述观点，它不仅永远地颠覆了科学界对生命的观点，同时也改变了其他领域人士的想法。上述进化过程有利于人类大脑能力的发育（事实上，包括人类在远古时代和智人阶段的大脑发育），这项能力在我们这个良性循环的物种身上所体现出来的，既是进化工具，也是生存工具。

我们的远古祖先从树上下来生活时（非洲大陆出现了长时间的干旱季节，导致之前存在的丛林变为了一个更为开放的生态系统，生态环境类似于现在的大草原），行为方式所发生的变化，导致我们的身体形态发生了改变，由此，我们的颅内容量逐渐增加。而这种容量的增加，首先使被我们称为"第二大脑"的边缘系统，得到了有效的发育，从而达到了其他哺乳动物无法企及的水平，再之后我们又进化出了新皮质，从此变得独一无二。

我们的大脑是在物种进化和生命斗争的逻辑中不断发育出来的，所以在强调社会特性以及知识和价值观传递的重要性时，它本身也成为进化的工具，以此保证我们在恶劣的环境中能够生存下来。这一观点受到了完全信任基因和遗传学的人士的质疑，特别是那些引述大脑成为"进化加速器"的部分观点。但是本人作为怀疑论者，更愿意相信是这两者的共同作用。这一点也与爱德华·威尔逊（Edward Wilson）[1] 在他的著作中所持的观点一致，特别是《社会征服地球》（*The Social Conquest of Earth*）。

至此，我们已经讨论了很多关于大脑的问题，但是在这里我想请大家记住的，正是这一章的标题——大脑，那个卓尔不群的器官，这也是我们理解自己是谁，为什么会有这样或那样的感受，以及为什么有时会互相争论，而不知道应当选择走哪条路的源头。

我们通过讨论大脑的相关功能，了解其构成的三个层次（爬行动物脑、边缘系统以及新皮质）分别掌管发育的不同进程，并且是由各种需求和奖励机制所引导；此外，它们各个部分同时工作，有时彼此之间互相协调；有时先后有序地工作；有时也会出现明显的矛盾。在漫长的进化过程中，这些部分不停地叠加、连接和增加新的功能，但是并没有停止过工作，也没有抛弃原先所拥有的功能。

我们可以理解，$E = mc^2$ 意味着质量与能量之间存在着等价关系，二者之间可以相互转化，甚至可以尝试向其他人解释这一公式，然后在

---

[1] 世界上最著名的蚂蚁研究专家。

阐述的过程中，突然被大树投下的阴影吓一跳。我们也可以欣赏达·芬奇作品中的美感和色彩，记住某一年夏天最流行的歌曲……即使我们并不喜欢。

如果我们要用一个不算原创的形象来描述，我们可以说，人类的思维就像一台型号老旧的计算机，类似美国人最早在车库里发明出来的那种，在尚且只能用奇怪的语言进行编程时，我们就一直为它添加新的零件和创意，直到现在它已经能够完成那些最新的"科学狂想实验"，比如让一个人通过精神动力，调动另一个人的功能。大脑已经拥有了一切，成了最无所不能的器官，但是仍然保持着那些与它先进能力不相符的远古行为。如果继续用计算机打比方，在我们的"主机"中，不仅采用了类似石墨烯般轻巧、多功能且多用途的最新材料，同时也保留了古老的晶体管和硅芯片。所有这些成分都同时工作，保证我们能够存活，让我们在生活中拥有情感，甚至还可以畅想那些我们可能永远无法拥有的生活。

英语这种语言在设计时，似乎是为了方便人类使用，因此更具有实用性，这种看起来像是出自《回到未来》（*Back to the Future*）里的场景中的创意，被称为"异机种系统"或"克鲁格"（Kluge），意思是一种笨拙，不够优雅，但是却令人惊艳的有效的解决方案。这就像我们的大脑一样，我们知道它是由三部分构成的，但是更让我们感觉像一个整体。①

---

① 这就是为什么《怪诞脑科学》这本书是关于大脑功能的，最有趣的著作之一，作者盖瑞·马库斯（Gary Marcus），2010 年由 Ariel 出版社出版。

机器的运行

通过前文的讨论，我们已经知道人类的大脑是由三个部分组成，它们的功能各不相同，却又彼此互联。要说哪个部分占据主导地位，我相信大部分受访者都会认为是新皮质，也就是掌管理性的部分。这个答案当然具有它的意义，但遗憾的是，这并不是正确答案。从逻辑上讲，进化得更为完善的区域总是出现得更晚，能够完成更为复杂和特别的功能，而且毫无疑问，这个区域本身就是最复杂的，并将战胜另外两个更为原始的部分。

从其他方面讲，这个回答也是合乎逻辑的。因为从表面上来看，似乎支撑它成立的推理足够连贯。而且它是由大脑中的"逻辑"部分给出的答案，而这里也是大脑中最复杂的部分。换句话说，想象一下我们高声向自己提出这个问题，我们以为整个大脑都能听到，但是实际上接收和回答问题的只是新皮质："是我！是我！我是主导部分！"而另外两个部分可能根本收不到问题，继续安静地各行其是，维持我们的心率，保证我们的肺部供氧，或是探测周围环境中可能存在的，或真或假的威胁。

为了继续探讨关于幸福以及它的调节因素和表达方式，我们需要试着为您解读大脑内部是如何运作的，因为那里才是人类产生情绪的所在，才是人们对所有从外界收到的刺激进行分析和处理的地方，与参与看、听、嗅或是尝的器官不同。参与看、听、嗅等任务的器官捕捉到外界的刺激，通过神经系统进行传输，然后在大脑中对这些信号进行处理，并由此完成对外界的感知。

跟前文一样，我们试着找一个简单的例子，来描述大脑中的这个区域是如何作为神经中心工作的。你正在阅读的内容，并不是你的双眼分别感知到的，而是它们所捕捉到的内容的总和。若闭上其中一只眼睛，你就会发现视觉发生了很大变化（这一点孩子们很快就能感知到，因为他们总是通过玩眨眼来改变自己看到事物的角度），而且也完全不是你在用双眼阅读时所看到的情况。正如情绪一样，事实上，视觉是在你的大脑中产生的。那么，虽然人类的眼睛以其透镜系统和聚焦功能堪称进化的奇迹，但是相较于其他从理论上来说，进化程度更低的物种，其工作情况仍然存在许多不完美之处，这就是为什么偶尔你会感觉自己的双眼存在一点儿小缺陷：在我们的视野中，确实存在盲点。这是因为大脑是按照上述结构顺序进行沟通联系的，这是为了让你更果断地放弃人类是自然界中设计得最好的机器这一幻觉。

关于大脑的支配作用，我们还可以看看医学作家奥利弗·萨克斯（Oliver Sacks）在他的著作《错把妻子当帽子》[①]中所整理的病例，尤其是作者以其经历命名这本书的那位患者——P博士。这位患者是一位音乐教师，本身并没有任何视觉缺陷或是视力障碍，只是无法分辨自己本来就认识的人，哪怕是那些在他生命中很重要的人。

他的双眼可以看到、捕捉和传递信息，但是他的大脑不能把整个面部当作一个整体来感知，而是将其分割成不相关的多个器官（比如鼻子、嘴巴、眉毛）。在一次伪装测试中，他只能认出一个以前的学生的名字和脸，因为这个学生的面部特征非常明显（根据萨克斯医师的叙述，出于相同的原因，这位病患还能认出爱因斯坦的照片，因为这

---

① Sacks, Oliver. El hombre que confundió a su mujer con un sombrero. Anagrama, Barcelona, 2013.

位天才有一头飞扬的乱发）。这种疾病有一个绕口的名字——面容失认症（Prosopagnosia），也就是传说中的"脸盲症"。著名电影明星布拉德·皮特曾公开承认自己患有这种疾病，并且呼吁大家关注相关人群，积极寻找治疗方法，才使它变得更加广为人知。

手势辨认

探讨大脑的问题就像是在探讨我们每天都会经历，但自身又不一定能够意识到的奇迹。在 P 博士的案例中，是否可以证明面部识别障碍可能是由大脑中某种尚未被发现的内在缺失所导致的？让我们现在来看看不存在这个问题的人们所拥有的能力吧。

简单来说，首先我们能够对他人进行无意识地"读取"，并且通过解读自己所看到的内容，分析站在我们面前的人抱有的意图。人类的大脑作为一部超级发达的机器，能够通过读取他人的容貌和手势，解读他人的意图，而所有这些都是在无意识的情况下进行的。在我们的日常生活中，在我们进行的每一次互动中：比如去商店买面包，与办公室同事交谈，与陌生人擦肩而过，甚至是在电视节目中看到的一张脸（无论是真实的人物还是虚构的角色），在每一个类似时刻，我们的大脑都帮助我们自动做出了判断，调整了态度。

没有人会对着自己的脑袋说："快帮我解读一下，柜台另一边的那张脸是友好的还是厌恶和抗拒的。"事实上，我们的双眼仅仅只是捕捉信息，而我们的大脑则无须任何人发出指令，就会采取行动。另一个不同之处在于，在获得第一印象之后，我们会根据自己的兴趣，以及我们当时的精神状态，理性地引导自己的行为。在商场的任何一个柜台，在公司参加的每一场会议，我们都能感受到对面的人并不会过多地帮助我们，甚至可能对我们怀有攻击性（非理性的大脑思维），然后，当我们意识到这个事实时（只需几毫秒），就已经启动了理性思维，以便能够试着重新引导眼下的发展形势。换句话说，我们的大脑总是把情绪放在理智之前，而这一点与我们是否认为自己是理性的生物无关。

曾经有人说，跟一个人最像的永远都是另外一个人。这句富有诗意的话，也得到了科学的认证，除开那些数不胜数的，让我们感觉自己独一无二的细节以外，包括皮肤、眼睛和头发的颜色，以及其他的特征，我们可以说大家都是一样的。这种性质并不仅限于生理学（我们七十多亿人在出生时均被设定为206块骨头、2个肺、1个心脏以及2只耳朵），我们大脑的运行，甚至可以说，我们来到这个世界时，身上所携带的源代码，都是一样的。

查尔斯·达尔文早已预见到了这一点，并且得出了以下结论：作为一个物种，人类必须明白自己是如何做到不需要预先学习，就能自然地与他人建立联系并解读其意图的，因为在我们的进化过程中，这项能力作为一项有竞争力的优势，有力地帮助我们适应生存。但是这种观点受到了另外一种相反观点的反驳。该观点声称：手势及其解读，无论是自己还是别人做出的，都属于我们代代学习和传承的文化。

而今天，归功于来自加利福尼亚的研究人员和科学家——保罗·艾克曼（Paul Ekman），我们无须再就此进行任何辩论。保罗从小就对拍摄他家乡新泽西的朋友和邻居的面孔展现出了不同寻常的兴趣。后来，他的好奇心又延伸到了心理学，特别是关于情绪表达的相关研究。在与此话题相关的任何著作或是文献中，最常引用的就是他所做的基础研究和实验。接下来，我们来看一些关于下列观点的证据：不管是因纽特人还是布须曼人，无论是来自圣彼得堡的老人还是来自瓜亚基尔的少女，一个发自内心的微笑都是可以被识别的。

作为 20 世纪乃至 21 世纪最具影响力的心理学家之一，保罗·艾克曼坚定地站在达尔文这一边，尽管科学界的共识恰恰相反，他却始终认为与手势相关的表达应当是人类与生俱来的，而非后天习得的，并由此开展了一个非常简单的实验。他向来自 5 个不同国家（美国、日本、阿根廷、智利和巴西）的人展示了各种面部表情的照片，证明了相同的结论：对于愤怒或不愉快的表情，所有研究对象的理解都是一样的。他迈出的这一步充满前景，但这有可能是因为当时没有互联网，甚至没有全球转播的电视频道，否则，当今社会即使是相隔万里的大洲之间也能实时互联互通，彼此的文化不断接触，互相融合，实验结果必会大受影响。因此，艾克曼决定寻找一个没有受过现代文化影响，避世离俗的环境，去做进一步的验证。

他不辞辛劳地来到了巴布亚新几内亚，并且在那里与一个与世隔绝的部落——法雷人[①]，共同生活了 2 年。根据艾克曼的回忆，这个部落从未接触过西方的文化和技术，从没有见过照相机，甚至都没有见过火柴。法雷人没有发明能够表述其情绪的书面语言，但是他想到了一个办法：请族人为他讲述不同类型的故事并进行拍摄记录，然后他发现，当讲述的是恐怖故事时，他可以从那人的手势中看出恐惧；而如果故事中有一些快乐的情节，他也能从叙述者所展现出的姿态中准确无误地解读出来。艾克曼回到美国之后，将这些视频记录给他的学生们看，并再次确认了他们只需要看讲述者的面容，就能理解其所传达的情绪。

---

① 巴布亚新几内亚的原始部落。

这一连串的奇妙经历，更加坚定了我们的判断：在大多数情况下，即使我们坚持认为自己是理性动物，我们发达的大脑也在以一种非常特殊、自动、无意识且相似的方式工作；就算我们是在进行理性推理，也并不能总是保持理性。

科学的益处在于能唤起人们的好奇心。而正如我在记录自己经历时的感受一般，要是不再跟各位分享两个帮助大家深入理解上述内容的概念，那我就有失公正且藏私了。首先建议大家去读一读艾克曼的作品，而为了激起你的兴趣，我还将告诉你：从情绪上讲，我们脸上的表情可以分为 6 种，分别为快乐、悲伤、愤怒、厌恶、惊讶和恐惧，而且我们都能通过阅读对方的面部表情，来解读和推断对方的情绪。

艾克曼认为，人类就像一台有感情且配置良好的机器，能够自动检测出 7 种不同类型的微笑（具体哪 7 种我们稍后再说）；而且令人惊讶的是，我们还能一眼就分辨出对方的微笑是真是假，虽然我们可能并没有意识到。但是如果我们不对其进行理性思考，在试图假装微笑时，我们的双眼以及眼周那些由情绪调动的肌肉就会出卖我们，因为即使我们理智的大脑希望如此，也不能有意地主动调动这些肌肉。最后，我们来看看不同的微笑方式：真诚的微笑、沮丧的微笑、嘲讽的微笑、不屑的微笑、恐惧的微笑、悲伤的微笑，最后还有，假笑！

恐惧

前面我们已经花了很多篇幅来讨论大脑是如何自动捕捉信息、给出反应和传达情绪的。可以说，我们在尝试拆解掉"人类在任何场合和行为模式下都是理性动物"，这一先入为主的观念。但是，我们忽略了最明显，也最能让我们这些怀疑论者理解的一点——我们自身给出预警和接收反馈的系统也会在这种不受控制的冲动驱使下做出反应，那就是恐惧！

如果没有恐惧，人类这个物种可能会灭绝。人类，以及地球上任何存活至今的物种，只占所有地球上出现过的物种的1%。当然，动物要是没有了欲望，也将会灭绝，但是这个话题我们将放在后面的章节再来讨论。在任何情况下，我们都应该牢记：恐惧和欲望在我们的生命里是同样重要的，它们就像一枚硬币的两面。

随着进化，我们学会了对威胁我们的东西产生恐惧，把那些存在于我们身边，可能对我们造成伤害的生物、状况或现象的信息记录在我们的物种基因中，以便能够以最适当的方式躲避、逃离或做出反应，以保全自己。同时，我们也必须继续积累这类知识，否则就会像那些在没有天敌捕食者的、孤立的栖息地上（比如在一座岛屿上）持续繁衍生息的动物一样，当人类或是某种未知的动物"入侵"这个栖息地后，它们并不会察觉到危险，因此也不会躲避和逃离。这就是大洋洲上一些物种灭绝的原因，而且这种情况并不鲜见。

恐惧的出现与我们的进化程度相关。但是，那些能够处理较为复杂情况的动物，也能从经验中学到东西。比如实验室里的小鼠，在面临选择是进入一间明亮的房间还是进入一间黑暗的房间时，它们总是更愿意选择后者，因为光照让它们更容易感受到威胁。然而，如果我们设置一个实验组，在黑暗的房间里设置类似电击的惩罚，它们最终将会更愿意进入明亮的那一间，而这一点也在行为心理学实验中得到了证明。

关于恐惧是如何深刻地在我们的物种基因中刻下印记的，另一点值得注意的是，一般情况下，我们会对那些可能从未近距离见过，且从未对我们的生命构成实质性威胁的生物产生恐惧，比如眼镜蛇和狼蛛。与此同时，在西方社会的城市化生活中，父母必须教会孩子们哪些事物是危险的，要想活到老，必须躲到老。而婴孩与生俱来的好奇心使他们在人生的最初阶段并不能理解，墙上的一个小洞可能就是致命的能量源，因为这种威胁并不是大自然在进化之路上为我们设置的。

快乐和恐惧的情绪位于大脑中的同一片区域，而由于这 2 种刺激的工作形式，就像人类生存之战中的前线和后方，所以很容易就能猜到这个区域是边缘系统。具体来说，我们在这里所讨论的恐惧，其实位于杏仁核，而实际上，人的杏仁核有 2 个，它们挨在一起，但分别位于 2 个大脑半球，而它们的名字源于其形状，就像扁桃体的命名一样，每当扁桃体发炎时，就会肿得像个扁桃。

大脑的这个区域始终处于一种无意识的警备状态，且无须我们主动激活。它就像一台安全的自动导航仪，一个已经启动的传感器，引导我们对自己的身体发出一些并未经过理性思考的命令，甚至新皮层都只能在命令发出之后再来讨论这些不由自主的反应。

让我们设身处地地想象一下，那些不需要进行科学研究就能理解的经历：当你在旷野中奔跑或是散步时，面前突然出现了一根像蛇一样蜿蜒伸出的树枝，你吓了一跳。或许只是一阵风吹过，树枝被吹动，你反应过度，整个人就像被闪电击中一样弹开。或者，当你独自在家，开着窗户，突然风吹动了窗帘，"砰"的一声，带起的气流把门关上了，你又被吓了一跳。这都是为什么呢？这些都是因为你的预警系统检测到了威胁。

而面对这种情况时应该怎么办，是上前验证风险？还是立刻做出决定？大脑总是选择后者，因为所有生物的首要任务都是保证自己活着。

如果是大脑的成长发育造就了它现在的样子，那是因为它曾经和现在都一直是进化的工具，它必须保证我们的生存，所以我们的大脑才会总是决定让我们逃跑，因为"小心驶得万年船"。要想活命，就得先跑掉（躲开，或是跳开），然后再来分析。

到这里，我们就得到了以下观点成立的另一个理由，那就是，人类的进化是个令人惊讶的过程。我们每个人都有大约 1 000 亿个神经元，那么你知道，有多少条神经通路将我们的感官与杏仁核连接起来吗？答案是 2 条。一条直接连接视觉器官，而另一条直接连接听觉器官。进化的答案非常神奇：我们仅选择一路视觉信息输入和一路听觉信息输入，这样就不需要将输入的 2 种信息进行匹配。如果输入的信息量过大，就不得不浪费宝贵的时间来进行信息处理，因为如果风险是真实存在的，就算是一眨眼的瞬间，对于逃命来说也是弥足珍贵的。因此，我们才能做出像弹簧一样的动作，在完成第一反应动作，保证了自身安全后，我们的理智系统再来分析情况，而大多数情况下，我们都会长出一口气，笑自己杯弓蛇影。

对于杏仁核的工作情况，我们是无法感知到的。它就像一台被我们遗忘，被设定为永久监控模式的摄像机，在它的工作过程中，我们无须进行思考，也不用主动去激活或是停用，而只需对外部刺激做出反应，并且检测那些我们没有意识到的事情。鉴于本人在本书中所践行的是一种健康的怀疑主义，我在此为您提供一个小小的测试方法，让您不用去吓唬别人，就能检测这一机制是如何运作的。如果在一间人满为患的办公室里，或是一辆挤满了人的公交车上，或是一座人来人往，参观者络绎不绝的博物馆中，你一直盯着一个没有在移动的人看，最后对方也会反过来看你。这并不是因为你拥有什么精神念力，而是因为对方的预警系统已经注意到了在周围环境中，存在某种可能是也可能不是威胁的东西，由此，它引导自身投来探究的目光。

我们是否能够意识到自己有意做出的决定

随着科学发展的突飞猛进，关于人类大脑和行为的研究与发现也层出不穷，而这与那些在过去可能根本无法想象，甚至尚未实现的技术进步息息相关。我们对于自己身体的研究，包括中枢神经系统，以及我们是如何达到当前状态的，可以说了如指掌，但是目前仍有一块灰色地带，让我们无法深入了解——我们的大脑。

我们都知道，大脑是由一堆组织、神经元、血管……构成的，从物质成分的角度来说，我们可以粗略地将这些统称为"物质"（至少从计算体量的角度来说，没有其他更多的成分）。这里没有一丝个人性格的气息，也没有赋予我们每个人有别于他人的独特味道。那么，如果我们每个人所拥有的都一样，也就是说，我们所有人的组成基本一致，那么我们又是怎么成为拥有各式各样特质的人的呢？我认为这是一个永远也没有办法彻底解决的生命之谜。但其实在前文章节我们已将答案总结过了：我们每个人之所以各不相同，是因为基因、环境和经验的相互作用。我们的样子，就是我们的大脑在内部电刺激和化学反应的活动和互动作用下，所最终呈现出的样子。于是，这里就出现了一个新的问题，它的答案将令人震惊：

如果我们的意识活动，是通过激活已知的神经递质，使得电信号在神经元之间跳转，那么是否可以认为，我们对自己的行为是完全有意识的呢？从哲学层面出发，我们是不是可以说，当大脑做出的反应并非由我们自己所控制时，我们的自由意志，也就是选择的自由，是否还存在呢？

知识的产生就像是一辆前进的自行车，踩下第一脚踏板的是问题，紧随其后的第二脚就是答案，而随之而来的又是新的问题，如此循环往复，就这样，我们知道的东西越来越多。1960 年，也就是半个多世纪以前，一位名叫本杰明·利贝特（Benjamin Libet）的科学家设计了一个简单的实验①。他在一组志愿者的头上安装了一些电极，然后让他们面对一个高精度的时钟而坐，并要求他们完成一件十分简单的事：在任意时刻举起自己的手。但与此同时，他们必须准确地说出他们脑海中所"感觉"到的，自己准备举手时的准确时刻。

通过这个简单的实验，利贝特发现了这些志愿者们能够提前大约1/4 秒，"感受"到举手的冲动。到这一步，所有的情况尚且符合逻辑：意识系统和理智从大脑中发出一项命令，然后传达该命令，使得肌肉群发出一连串动作的时间，是合乎逻辑的。这项命令仅需要在极短的一瞬间完成。

然而，这位美国科学家发现了另外一件更加令人震惊，而且也出乎他意料的事情：通过对脑电波的分析，他发现志愿者们的大脑其实远在他们意识到自己"感觉"将要举手之前，就早早地开始运作了。同时还发现了另外一点：在志愿者还不知情的情况下，其大脑已经处于"工作"状态的时间，比从其想要举起手，到实际举手所经过的时间长4倍。

这是最常被引用来证明无意识行为在我们的心理占主导地位的研究之一。并且由此引出许多关于责任、选择自由等方面问题的解读，甚至

---

① 大卫·伊格曼（David Eagleman），《隐藏的自我》（*Incognito*）。

包括刑事案件的定责。但是，我们在这里进行引述，仅仅是为了引起你的注意，激起你的好奇心，并且加深你的印象：人类并不像自己通常所认为的那么理性。

物理和化学

几年前，我父亲患上了抑郁症，当他第一次去看医生时（实际上，是我母亲带他去的），并不是因为他感到情绪低落，或是感觉自己陷入抑郁，而是因为他感到自己有一条腿不受控制了。他走路时，那条腿近乎是拖行状态，而且不听使唤，更无法自然地完成动作。在经过各种类型的检查之后，医生给出了如下诊断：他的问题归神经外科管，那条腿本身是完全正常的。然后我父亲从骨科转到了另一位专家那里，经过仅仅几分钟的交谈，那位专家就得出了结论，并且后来也被证实正确：我父亲患的是抑郁症。

出于对父亲以及对读者的尊重，这里不再详细讲述更多患病的曲折和缘由。但是当父亲逐渐康复，可以用 Gomaespuma① 中所形容的那样：如 "襁褓般舒适" 后，我问父亲，医生给他开了什么药，因为我总是看到他随身带着一些药片。他直率地告诉了我药片的成分，而不是名称。"没什么，没什么。" 他强调，"医生说我锂低了。" 家庭小故事到此为止。而我从中学到的东西，就像是 Antena 3② 电视台播出的那部热门青春肥

---

① 西班牙著名双人喜剧电台节目，从 20 世纪 80 年代开始分别在 3 家电台播放。2007 年中改版登录电视台。——译者注

② 西班牙的一家电视台。——编者注

皂剧《物理和化学》①的名字，我们是由各种"物理和化学"成分构成的，任何一种化学元素的含量降低（比如在电池或是电瓶中常用的锂元素），都可能拖我们的"后腿"。

事实上，任何事情都会有合理的解释，或者，我们以另外一种更容易理解的方式来说，如果我们想到了某件经常忘记的事情，尤其是当我们想把自己当作万物之灵的时候：地球上存在的化学元素非常少，但是当它们以各种各样的形式组合起来时，从细胞到泥土，就构成了万物。这就是比尔·布莱森（Bill Bryson）在《万物简史》（*A Short History of Nearly Everything*）中所说的生命的奇迹。组成我们人体的成分并没有任何特别之处，除了它们构成了我们。

我不知道大家有没有看懂以上观点，简言之，如果将人体从原子尺度加以分析，我们就会发现它是由碳、氢、氧、氮、一点点钙和一点点硫，此外还有少量的其他化学元素组成的。数以万亿计的原子以唯一的形式集合在一起（也就是我们每个人独特的样子），并且将长期保持这个形式。

从本质上来说，我们的大脑活动其实就是纯粹的化学反应，平衡且美妙，但同时也会以相同的顺序对各种刺激做出反应。化学成分会改变我们的行为，不管是由于过度还是由于不足，我们甚至都不用成为这方面的专家。在我的家庭小故事中，表现为锂含量的降低，作为怀疑论者，我们会怀疑这是不是真的，但是我们的个人经验将会让我们确认，

---

① *Física y Química*，西班牙热门青春肥皂剧，场景设定为一所名叫 Zurbarán 的高中，讲述的是这里的少男少女，以及教师们之间纷扰复杂的纠葛故事，就像片名所说的，充满各种物理和化学反应。——译者注

人类的行为是由体内的化学反应导致的。

换个例子，饮酒会改变我们作为人类的行为吗？不仅会，而且是随着摄入量的增加，逐渐产生不同的反应。我们都见过那些形容自己"快乐""微醺""渐入佳境""喝醉""完全醉倒"，甚至陷入酒精中毒而昏迷的人。我不打算在这里列出不同的症状和反应（从最初的去抑制状态到后面陷入无意识的休克），但是说真的，酒精确实是一种有毒物质，它通过血液流入大脑，一开始只是妨碍，后面甚至会阻碍我们人体的正常功能发育。

那么，如果我们换一种不那么激进的方式来看待这个问题，把酒精当作一种可有可无的药品，摄入极小的剂量就能使我们进入一种愉悦的状态，并且可以帮助释放有助于解除抑制的神经递质，使我们感觉良好，但是，就在下一秒，这种感觉会立刻变成无法言说的不适和悲伤，而且即使我们没有再来一杯也无济于事。那么，为什么我们明明没有再继续推杯换盏，身体反应也会发生变化呢？很简单，因为已经摄入的量会慢慢耗尽我们的同化能力，就像空旷的高速公路上的交通比高峰时段更加通畅，只有身体保持产生化学反应的流畅性，才能保证不会发生"交通堵塞"。

可以说，我们的"奖赏"系统就是在这种物质进入体内后被启动的，它触发了相应的化学反应机制，从而引发积极的情绪。于是，我们就有了一种愉悦或是开心的感觉。这不意味着我们的大脑中存在某个特殊的、让我们感到开心的区域，而是此时所启动的区域与我们在满足某种需求，完成某项挑战，或是实现某个目标时所启动的区域一致。正如伊格曼所述，酒精、尼古丁等之所以能够对我们的行为产生影响，"是因为它恰好完全与掌管奖赏系统的内脑回路机制相匹配"，它们"劫持了奖赏回路"，使人们逐渐陷入自毁的旋涡，被体内的化学反应所欺骗，而且不幸的是，它们还经常凌驾于应当始终处于我们行为决策前端的理智系统。

到这里，我们所聊的全部内容，都应当能够帮助大家理解化学反应对我们态度决策的影响了，但是实验科学让我们也关注到了其他方面。能够改变我们行为模式的不仅有神经递质，还有荷尔蒙，而任何一位青春期孩子的家长，或是还能回忆起自己青春期的人，不用费力去阅读《格雷氏解剖学》①就能理解它的作用。科学研究告诉我们，如果给雄性小鼠注射雄性激素，其性格会发生根本性的改变，将变得十分好斗。

关于化学的东西我们已经聊了很多，别忘了这一章节的名称还有另一半：物理。接下来我们来聊聊大脑是如何控制，或是试图控制情绪的。这件事我们所有人都亲身经历过，但却并不总能做到。

位于前额叶和顶叶的新皮层，控制着我们的情绪驱动力，以及我们对外部环境做出反应的方式，这一观点的第一项证据就是 1848 年发生的那一场在科学史上最受关注和最常被影视工作者青睐的工作事故——"菲尼亚斯·盖奇事件"。几乎每一本关于神经科学的著作都曾详细介绍过他那神奇而又极端的经历。

如果菲尼亚斯·盖奇（Phineas Gage）没有经历那件值得艾利克斯·德·拉·伊格莱希亚（Álex de la Iglesia）②改编成电影的倒霉事儿，他将可能只是个普通的铁路工人。但是，我们最好还是尊重事实：菲尼

---

① *Gray's Anatomy*，这是美国医科学生的基础教材和百科全书，同时，另一部成功的电视连续剧，《实习医生格蕾》，也以此为名。

② 西班牙著名电影导演，风格多为恐怖怪诞题材，擅长拍摄黑色喜剧，代表作《完美陌生人》（西班牙版）、《30 枚银币》等。

亚斯本来是个老好人，在美国佛蒙特州的一处铁路工地上工作，他的工作内容是放置和压实小型炸药，炸掉铁路修建沿线可能遇上的所有障碍物。在工作过程中，他用铁棍将炸药压实，以此保证爆炸效果更好。

然后，由于一时疏忽，在一次本应只是例行公事的任务中他遇到了麻烦：他对着将要进行爆破的炸药捶打了几下（就像在厨房里用铁杵在研钵中捶打一样），溅起了几枚火花，导致炸药提前爆炸，将他所用的那根铁棍像太空火箭一样射了出去。我并不想吓到各位，可是每次在讲座中聊到这里，观众们就会做出厌恶和反感的表情，但事实就是这样：那根铁棍飞了出去，直接插进了菲尼亚斯的脸，然后从他的头骨飞了出来，带走了他的左眼。

即便没有医学经验，我们大概也会认为他一定当场死亡了，但是不知为何，情况并非如此。根据新闻报道，铁棍在20多米外被发现，但是菲尼亚斯很快就恢复了意识，甚至能够自己走到马车边（当然我猜想是踉跄着），然后他被送到了村里，得到了哈洛（Harlow）医生的救治。根据医生的记录，我们可以重构当时以及后来发生的事。治疗过程很复杂：经过最初的休克之后，接着又发生了几次发烧和感染（当时还没有抗生素），但是2个月后，他还是奇迹般地康复出院了。

之后菲尼亚斯的生活恢复了正常，他的身体状况一切如常，当然还是有些事故的后遗症。但是他的行为被永久性地改变了，他整个人变得面目全非。哈洛医生始终关注着他的病情进展，并且在其笔记中做了详细的记录："他变得任性且不近人情""他经常脾气暴躁，工作不敬业，并且表现得完全不在乎身边的人""经常说脏话（以前从没这样做过）"，并且说他"智力和行为上"变得像个孩子，"但是却有着一个动物般的强壮男性的激情"。而且撇开他的新个性不谈，虽然菲尼亚斯重新回到了工作岗位，但是好景不长，他陷入了困境。后来，他凭借自己从那场事故中获得的名气，加入了巴奴姆马戏团，作为一个猎奇的景点供人参观，之后又去南美洲待了几年，最后回到美国旧金山定居，在发生事故的 12 年后去世。

菲尼亚斯的故事除了是件奇闻，也是科学家们认为能够找到的，目前被认为是前额叶综合征的第一项证据。大脑的这个区域如果受伤，会改变该个体的行为举止，并且损害其社交能力。比如菲尼亚斯的事故，就证明了在神经科学方面，如果人类进化最完全的大脑不能正常工作，在与他人相处的时候，很可能会遇到严重的困难，因为这种情况下占据主导地位的就是我们性格中最原始、最自私、最迫切的欲望。

正如庞塞特经常提到的，科学技术的进步使我们能够使用攻击性更弱的方式，对那些可以追溯到 19 世纪中叶的现象进行验证。

"物理"一词除了物质层面的意思以外，还有另外一层含义，用于解释人类行为的调节因素。如果在菲尼亚斯的案例中，这场事故导致其大脑的某个部分受创而被切除，由此证明这个部分是帮助我们控制最原始冲动的，那么大卫·伊格曼在《隐藏的自我》中所讲述的另一个故事，则向我们展示了，当大脑的某个特定区域受到一定的物理压力会发生的事情（或是像那些口碑不错的悬疑电影一样，给我们留下了悬念）。

在美国，连环杀手的故事总是重复上演，留下一个又一个悲剧，但是，1966 年，在得克萨斯大学发生的，关于查尔斯·惠特曼（Charles Whitman）的故事却展现出了不同观点。凶手在发现自己被包围了之后，像此类案件中经常发生的那样，他选择了饮弹自杀，但是故事并没有就此结束，在此之前，他用打字机留下了一封自杀遗书，大概是这么说的："……最近一段时间我不是很了解自己……我本来是个聪明而理智的年轻人。但是，最近我总是受到很多不同寻常且不理智的想法困扰。"

伊格曼讲述的这个故事令人毛骨悚然，但是至此仍未结束。警察到达惠特曼的家时，发现他已经杀害了自己的妻子和母亲，并且在那张遗书中继续手写道："我已经决定要杀掉妻子了……她是个好女人，我想不出任何理由来这么干。"所有这些都处处透露着反常，但是，令人惊讶的还在后面。在遗书中，惠特曼要求对自己进行解剖，以了解他大脑中是不是哪里出了问题，才会导致他出现那些奇怪的感觉，并促使他犯下了那样的滔天罪行。

经过尸检，法医确实在他的大脑中发现了一个"大小约为 5 美分硬币"的肿瘤。这是一枚胶质母细胞瘤，是它对惠特曼的杏仁核区域产生了压迫和干扰，而正是这个区域掌管着与恐惧反应相关的一切，包括攻击性。

这个案件并不是个案，临床医学史上有很多此类病例，虽然也许不像惠特曼的案件那么骇人听闻和极端，但至少能证明，由于一次撞击、一个肿瘤或是其他某种疾病对大脑条件的改变，会从根本上改变我们的行为，甚至压制住我们的理智。用更简单的话来说，撞击"车身"或是"发动机部件"，可能导致类似操作系统故障的破坏性效应。因为在大脑中，"硬件"系统和"软件"系统是同步工作的。

尽管在本书中，我们主要讨论的是大脑，因为它是掌管情绪和情感的地方（虽然它们能够全部呈现在身体的各个部位），但我们还是会稍稍提及其他器官（心脏）和系统（循环系统），以便说明我们身体的其他部位，也像设计完美，但遵循一般物理学规律的机器一样运行着。

任何一个有患心脏疾病亲人的人，都能比我解释得更好：如果这位家人心率过低，医生会给他安装使用电池的起搏器，来帮助心脏泵送血液；或者如果他的瓣膜有问题，医生就会为他更换人工瓣膜，这些事已经不会让任何人觉得惊讶了。即便我没有豪斯医生 ① 的机智，这些操作我也能细数一二。17 世纪，一位名叫威廉·哈维（William Harvey）英国医生写下了《心血运动论》②，从此彻底改变了以上科学观点。根据他的理论，我们人体的工作模式就像组合玩具，而且其中包括所有我们希望了解的细枝末节。

众所周知，心脏是推动血液流过动脉的发动机，但是，血液又是如何返回和反哺心脏的，可能并不为人熟知。哈维医生猜测是通过静脉，于是他设计了一个极其简单但意义非凡的实验。为了方便理解，我们可以这样解释，他分别"堵"住了一条动脉和一条静脉，然后测试了二者之间的差别。堵住动脉时，血液会积到心脏和堵点之间，这就证明了这是一条流出的通路；而堵住静脉时，血液则会积到距离心脏最远的那一端，这就证明了这条是回流的通路。这种情况大概就像锅炉的冷热水回路一样。

最后，我将以另一个科学发现作为本章的结尾，它很偶然，但是正如我们已经看到的，对于了解大脑的运行规则，确切地说是对了解神经元的运作，它显得非常重要。得益于一位意大利生理学家，我们在 18 世纪末就知道了神经传输的是"电"。他在解剖一只青蛙时，手术刀碰到了固定青蛙腿的钩子，由于手术刀带着静电，当手术刀接触到金属钩子时，形成了闭合回路，然后，青蛙的大腿肌肉抽动了一下，而那时它

---

① 美国同名热门电视连续剧，"House M.D."，讲述的是普林斯顿大学附属医院脾气古怪的格雷戈·豪斯医生，利用自己的一套医学理念，和三名出色的助手解决无数疑难杂症的故事。——译者注

② On The Motion Of The Heart And Blood In Animals，1628.

正在被解剖。

这一切只是偶然，但当时这位名叫加尔瓦尼（Galvani）的生理学家并不理解发生了什么。于是他认为自己发现了一种新的能量——"动物电"（当然这是不存在的），然后他决定全身心地投入到青蛙实验中，但几乎每一项实验都是耍杂技一般。一位名叫亚历杭德罗·沃尔塔（Alejandro Volta）的同事重复了他最初的实验，将青蛙大腿连接到电池上，结果成功了，就此证明了神经（系统）所完成的是传导电，而不是产生电。

我们并不是电脑

我们曾经将大脑描述成一种工具，结合其工作方式，通过类比，很多人可能更愿意将其比作电脑。事实上，这种观点构成了通用语言的一部分，而且一些科幻小说和电影也加深和助长了这种印象，那些作品总是幻想着预测他人思想，甚至植入记忆，但其实这些想法并没有完全脱离现实。

也许从物理角度出发，从"硬件"和安装组成方面，从传递信息的形式方面，或是从大脑发出命令，使身体其他部分保持活力，并且与周边环境产生相互联系的这一事实方面来说，我们可以接受这种类比。就算我们只看掌管呼吸、心跳以及其他同样重要功能的爬行动物脑部分，也能确定人类配备了一套保证自身生存的编码程序，且其运行精度极高，除非遗传密码中存在缺陷，会导致一些人与其他人类相比存在某种功能障碍，但这只是例外，而非常见的情况。

然而，我们的大脑，就其最发达的部分而言，也就是我们通常所认为的理智部分，其实并不太像电脑。我同意这一观点，即使这样就不得不站在当代科学界的天才，做过宇宙以及黑洞知识科普的科学家——斯蒂芬·霍金（Stephen Hawking）的对立面。在一次访问中，霍金说："大脑就像一个安装在我们头脑中的程序，就像一台电脑。因此，将一个人的大脑复制到电脑上，使其在肉体死亡之后还能以另一种形式继续存活，从理论上来说是有可能的。"①

很多神经学家都对此提出过质疑，且可以预见的是，这将会出现各种各样的实质性问题。但是因为霍金的个人魅力，没有人会因为他所持的这种颠覆性观点而诋毁他。这就是一个赢得了尊重的天才，不仅因为他所做出的贡献，更因为他对这些贡献的科普，以及即使在身体存在重重困难的情况下，仍然坚持科学事业的勇气。

大脑和电脑之间差别的本质在于，我们人类远比任何一台电脑都复杂得多。不仅因为我们能够完成各种动作（这一点我们并没有着眼太多），也因为我们的灵活性，学习性，以及不能忽略的一点——遗忘性。

我不知道有哪一种电脑能够做到遗忘，不管是有意识还是无意识地。所有的电脑都能做到删除，但是一些案件报道向我们展示了在电脑上是如何恢复旧的电子邮件的，即使它们是被特别小心地删除的。可以说，任何电脑介入处理过的事情，都会永久性地留下痕迹，且只要具备必要的专业技能和手段，就一定能被恢复。现在我理解了，为什么位列 IBEX 35 指数 ② 的某家大公司董事长在多年前会跟我说："我没有电脑，

---

① 引自 2013 年 9 月 24 日的《真理报》（La Razón）。

② IBEX 是 Índice Bursatil Español 的缩写，字面意思是西班牙交易指数，是西班牙马德里证券交易所的基准股市指数，包含 35 个在马德里证券交易所综合指数中最具流动性的西班牙股票，每年调整两次。

或者准确来说，我有一台，但是从来不用。"

不提那些极端的例子，就算是我们这种在工作和生活中都得过且过的人也知道，电脑中所保存的全部东西，都能很方便地调出来。打个简单的比方，电脑就像一个完美的仓库管理员，将所有你要求他储存的东西分门别类存放在货架上，就像玩战舰棋一样，"a1：发票；a2：税务文件；a3：汽车文件……"以此类推，直到存储空间不足（但总是可以扩大）。因此，在我们需要调用时，相应的文件就会像棋盘上的战舰一样再次出现，比如，如果我们打开命名为"a1"的文件夹，就会看到发票。而且不存在出现其他文件的可能（我们都知道肯定也可能出现其他的差错，但是这都是因为我们缺乏专业知识，而不是因为设备本身的原因）。

换个角度，我们是如何利用我们的大脑存储所经历的事情的？是怎么形成记忆的？又是怎么做到在某个特定的时间点，将记忆带回脑中的呢？为了回答这些问题，可能有来自世界各地的，数以百计的大学中的成千上万的神经科学家，耗费了无数心血对此进行研究，但是，由于本书只涉及普及性层面的输出，我们将给出一些简单的解释，方便我们继续探讨，以及最重要的，是排除大脑和电脑的相似性。

首先，电脑的存储方式是将其整合的内容转化为信息单位，不管是一张照片，一段旋律还是一段文字，全部将它们都转换为代码。但是我们的大脑不是这样工作的。记忆并不是一件"物品"，不具备任何实体成分，而是我们的神经元在大脑内相互作用，再次将从前的某个东西带回到现在的一个过程，而所带回的那个东西也不会是原来的样子。

然而，所谓外显记忆被唤起时，确实可能还是原来的样子。因此，如果我们完整且系统地学习了欧洲大陆上的河流分布，或是克维多

（Quevedo）的十四行诗[①]，也许我们可以毫不费力地背诵出来，并且被问起时总是能够说出正确答案。这几乎属于以刺激－反应机制存储的信息单位，只要准确按下相应的按键，就能调出所需的信息。而此类记忆总是在回答下面这类问题时被激活：是谁为西班牙打入了获得世界冠军的制胜球来着？

这种记忆存储的速度非常快，为了不断地累积数据，我们拥有很强的能力，来储存那些静待我们启用的信息。至于弱点方面，这项能力具有非常突出的精准度，能够以安全且确切的形式给出回应，即使所提供的信息是假的。因此，我们可以说记忆并不完美，而这也是为什么有时候在考试时，尽管我们非常确定自己答对了，但结果出来却是错误的。在日常生活中，我们也都经历过这种迷惑时刻，打个简单的比方：当你在与家人争辩姨妈的生日是在 3 月，而不是 5 月时，你的内心十分确信就是在 5 月（因为记忆就是这么告诉我们的），但是后来发现事实并非如此。此时，这种情况下我们大概都会说出这样的话："我只是搞混了……"或者，"哎呀，其实我是真的知道，只是把日期搞错了。"但是，只要输入信息是正确的，电脑就永远不会犯这种错误。

这种外显记忆（后面我们再聊另外一种）被存放在海马体中，这块区域位于大脑的中心，可想而知受到了各种保护。但是，它可能会遇到的问题，将导致其永久失效，变得毫无用处。在极端情况下，这块区域受损的人可能无法进行信息还原，因此，从受到损伤那一刻起，其将对身边所发生的所有事情毫无印象，因为他没有办法还原任何事情。就像

---

① 全名弗朗西斯科·德·克维多（Francisco de Quevedo），17 世纪西班牙著名讽刺小说家、散文家兼诗人，被视为西班牙警句主义文学的代表人物。

《爱的起源》中所讲述的，一位名叫安德伍德（Underwood）的病人被永远地困在了一个无法改变的过去。对于他来说，时间停止在了 1985 年，他始终认为自己生活在那个年代，而美国总统依旧还是罗纳德·里根（Ronald Reagan）。为他治疗的医生和医院的工作人员对他而言总是陌生的新面孔，而每天的日常查房都是以一轮自我介绍开始，大家永远都像第一天认识一样。

在我们的日常生活中，一个健康人的大脑总是在不断地向自我提问。比如，今天是什么日子？明天又是什么日子？而在离开家去取车前，你一定问过自己（当然也得到了回答），自己把车停在哪里了？但是，如果大脑中的海马体受损失效，就会变成像前面提到的那个病人那样，每时每刻对于他而言都是崭新的。任何情景都没有之前构建的基础，任何事情总是需要从头来过，就好像安德伍德的医生，在每一次对那个病人问诊之前都得先向他进行自我介绍，而且这位医生也很清楚，在之后的第二天，以及后面的每一天，都需要重复这个流程。然而，记忆本身并不存放在海马体中。事实上，安德伍德先生还保留着一些受伤之前的记忆，却没有任何之后的记忆，这是因为他没有保留下用来搭建记忆的任何信息。

目前科学家们所关注的另一类记忆是内隐记忆，它比外显记忆更加强大和神秘，当然，跟电脑所能完成的工作相比，它还是处于劣势。内隐记忆的特征是，我们在无意识的情况下，可以获取那些自己没有办法描述，但是可以通过判断识别出的知识，虽然就连我们自己都没有办法解释清楚这种现象。

我本来有很多相关案例可以分享，而且都是由颇具声望的科学家进行研究的，但是就像在很多人身上都发生过的情况一样，当我在构思这本书时，第一反应想到的就是我自己亲身经历过的，且正因如此才能被迅速理解的一件事。有一次我开着车，载着熟睡的家人行驶在路上，当时车里播放着一张 CD 当作背景音乐。我不太记得具体是哪一张，只记得是那种热门歌曲的合集。我其实并不知道播放的是哪些歌曲，更不知道演唱者是谁，但是我突然发现，在上一首歌结束，到下一首歌开始之间的短暂间隙中，我能够预测到下面将要播放的是哪一首歌曲，但是我并没有花过哪怕 1 分钟去刻意记住歌曲的顺序。

我当然没有任何特异功能，所以这件事只有一个解释：因为那张 CD 已经在车里放了很久，播放过很多很多次，以至于我在无意中已经记住了每一首歌曲的播放顺序，包括其演唱者和主题。而在此情况下，将这项信息激活的“按键”就是听到上一首歌的结尾。如果我现在，就在写下这些话的同时，进行相关的测试，恐怕就无法说出其中播放的任何一首作品。我们的无意识记忆就是这样简单而又复杂地工作着。

然而，我们的大脑并不只是一块可以在自己没有意识到的情况下，记下歌曲名称的橡皮泥。它能够自行解开自己所感知到的事物的逻辑，找到使其能够预测到后续反应的行为模式。关于这个方面，大量的实验证明，我们的直觉（大脑根据经验以及对于由经验所产生的线索的解读，所做出的预判）跟理智一样强大，甚至可以说还要更强大。

研究人员设计了一项关于天气预测的实验，要求参与实验的志愿者根据一系列的线索来预测第二天的天气，虽然这些线索并不容易被破解，但其中还是暗含着规律。志愿者们预测对了 70% 的情况，尽管他们并不明白自己在做什么，也不懂到底是什么原理，但是他们就是猜对了。此外，研究人员还进行了另一个实验：他们向参与者们分发了类似“XXVT”或是“TVT”这样的全部由辅音字母组成的词语，然后要求他们说出哪些构成了语言的一部分，哪些没有。而这些参与实验的志愿者们凭直觉猜出的结果的正确率比预想的要高。

乃至于最著名也最受人尊敬的神经科学家，安东尼奥·达马西奥（Antonio Damasio），也在 1997 年与他的同事一道进行了一项这方面的研究，证实了直觉的准确性普遍高于理智。他要求一组志愿者使用 4 副不同的牌，玩类似于加勒比扑克的游戏。但他们不知道的是，这 4 副牌中有 2 副是对玩家有利的。志愿者们各自得到了 2 000 美元作为筹码，并由研究人员在其皮肤上贴上了传感器，用来测量其脉搏、体温和出汗情况的变化。游戏开始后，在前 12 个回合中他们没有出现任何变化，在此之后，当志愿者们选择了其中一副赢过庄家概率更高的牌来继续游戏后，其身体状况开始发生变化：传感器检测到他们神经系统发生了变化。

如果说，直觉是从第 13 个回合起就发现了哪里不对劲，那么理智和意识又花了多长时间才发现应该选择哪两副牌呢？在最好的情况下，是从第 50 个回合开始。而事实上，在经过 80 个回合之后，2/3 的参与者才确信他们已经发现了这个游戏的猫腻，但是有点儿慢了。

在这一章节的最后，我想分享一个你听到后绝对会忍不住第一时间分享出去的案例：日本的小鸡性别鉴定师。在我印象中，好像霍安·马努埃尔·塞拉特（Joan Manuel Serrat）[1]从事过这个职业。这个职业对于食品工业极其重要，因为对于孵化出来的小鸡仔，不同的性别，意味着不同的命运：雌性将用于产蛋，雄性将用于养肥吃肉。但是困难就在于两种性别的小鸡在外观上差不多，只能通过检查泄殖腔（排泄器官）来

---

[1]　西班牙著名演员。——译者注

区分，而且即便如此，区别也很不明显。

事实上，日本有一所专门培训小鸡性别鉴定师的学校，名叫 Zen-Nippon，这里从 1930 年起就开设了教授这方面专业知识的课程。但是，实际上应该怎么操作呢？应该遵循什么方法呢？很简单：学员们站在老师旁边，看着老师是怎样工作的，但要知道的是，光是看并不能学会这项技术。之后，他们会在老师的陪伴下各就各位，开始鉴定，再由老师对他们进行纠正，告诉他们哪个对了，哪个错了。由此，学员们慢慢就熟悉了这份工作的技巧，虽然他们在实际操作时，可能也不知道自己是怎么学会的，更别说写下来编成手册，因为这都是存在于脑子里的东西。

那么，如果我们的大脑是以一种看起来简单的方式，在无意识的情况下完成的那些复杂的事情，我们又怎么能将这种信息转移到电脑上呢？要用什么样的代码，我们才能把直觉、经验以及那些我们都不知道自己拥有的知识写进程序中？更别说我们的大脑有一种不可抗拒的，填补我们所不知道或是不记得的空白，并且将其作为确切信息提供给自己的倾向。什么样的电脑才能做到这一点？电脑中的程序总是顺从的，可预测的，有组织且理性的，而我们则不是这样。我们是人，我们能做的比这些多得多。

然而，由于人类是一个不安分、好奇且聪明的物种，事实上我们所走的，是一条更加奇妙的道路。让我来解释一下：事实证明，科学的发展方向，与设法将我们的记忆储存到优盘上恰恰相反，目前，研究人员们已经成功地实现了用 DNA 分子来进行信息的储存和恢复。在 2013 年年初，欧洲生物信息研究所成功地将莎士比亚的 154 首十四行诗，马丁·路德·金著名演讲《我有一个梦想》的节选，几张照片，甚至还有一份沃森和克里克进行的，关于 DNA 双螺旋结构研究的 PDF 文本[1]，刻录到了不到 1 克的人体基因材料上。事实上，科学研究中所开展的项目总是超乎想象，也令人难以理解，但是往往足够奇妙。

目前，在位于加拿大安大略省滑铁卢大学的理论神经科学中心，一组科学家正致力于建立一个硅质大脑。事实上他们已经获得了成功，只是这个大脑中只有 250 万个神经元，远远不足 1 000 亿个。然而，这也足够它完成智力测试中所提出的那些典型问题。因为这个大脑的能力有限，但是在这些测试问题中，有一部分是用于测试"流体智力"的（类似于面对意外情况时做出反应的能力）。在这个部分，人类的准确率为89%，而根据该项目领导团队透露，电脑[2]的准确率则达到了令人震惊的88%。

与此同时，欧盟决定为"人脑计划[3]"提供 10 亿欧元的资金，旨在复制我们大脑中存在的整个神经元网络。欧洲有超过 79 家研究机构参与其中，而他们采用的工具之一，就是位于巴塞罗那的，名为 Mare Nostrum 的超级计算机。要知道这个重达 40 吨，占地 170 平方米的"怪兽"会的东西，还不到你我的大脑每天所完成事情的零头，而且还会发出那些噪声。

---

① 沃森 – 克里克 DNA 模型，即 DNA 双螺旋结构模型，由 J. D. Watson 和 P. H. C. Crick 以及 Wilkins 在 1953 年提出。

② 这里指的是该团队所搭建的虚拟大脑，研究人员将其命名为 Spaun。

③ Human Brain Project（HBP），是一项为期十年的大型科学研究项目，基于百万兆级超级计算机，建立一个基于 ICT 的协作科学研究基础设施，让欧洲各地的研究人员能够推进神经科学、计算和大脑相关的医学方面的研究。

El mono

feliz

第三章

基因与环境：我们有出厂设置吗

Descubre cómo la ciencia
explica nuestras emociones

我们在来到这个世界时是否配备了特定的出厂设置？我们的性格、行为和疾病是否有相应标准？我们是否总是按照遗传基因所决定的形式来进行思考？还是恰恰相反，所有这些都是由我们生活中所处的环境和经历的事情所决定的呢？虽然在科学界中也存在极端分子，且我们可以在某些方向上找到一些极端答案，但是目前神经生理学界普遍认为，正是这两方面因素的结合为我们的发育提供了条件，包括身体发育以及思维和情感方面的发育。

然而，要说到我们从父母那里遗传的东西，以及他们从他们的父母那里遗传到的东西（以此类推），就必须说到基因，以及它最著名的形容词：遗传。自发现 DNA（脱氧核糖核酸）的双螺旋结构以来，已经过去了超过半个世纪，这 3 个字母的组织和结合，代表了我们用来传递生命以及身体运作指令的遗传密码。

迄今，这些术语的使用非常频繁，任何一位电视观众都耳熟能详，尤其是那些警匪片爱好者们。如果没有发现 DNA，那么多季的 CIS——从迈阿密到纽约到拉斯维加斯，都不知道该怎么拍吧？而之前，在阿加莎·克里斯蒂（Agatha Christie）的小说中，找到凶手的方法包括线索、证据、遗留痕迹、同伙告发或是自首，而这些通常都要归功于私家侦探赫尔克里·波洛（Hercule Poirot）的智慧。现在，即使是最诡异的案件，我们都能通过检验发现的线索与嫌疑人留下痕迹相似度来破解。但这并不意味着我们已经进入了不犯错误和确定无疑的境界。报纸刊物上总是充斥着令人震惊的案件和判决；我们不应该忘记，做出判决的人乃至我们自己，在做出判断时，并不能总是保持理性和逻辑，也不能忘记，在民主的法律体系中，比起让无辜者含冤入狱，人们宁愿罪犯逍遥法外。

双螺旋结构这一发现的最高应用水平之一，也许就是医生通过对贝伦·艾斯特邦（Belén Esteban）[1]的唾液进行基因分析，进而确定治疗方案，帮助其减掉多余体重，重塑身材。这项检测结合了她的病史，从而确定了哪些食物会让她发胖，以及哪些运动她可以练习。我敢确定，沃森和克里克可能从来没有想过他们的研究成果会有如此效用。

从更为严谨的角度来说，这一发现在 1953 年仅占据了《自然》杂志的一页版面（这也说明越是简短，越是精华），却已经从根本上改变了整个医学界、化学界和生物学界的研究。我们现在知道的所有我们从自然界以及人类自身得知的信息，都归功于那两位研究员在剑桥大学的卡文迪许实验室（Cavendish Laboratory）做的研究和发现。了解生命之书的构成，能够帮助我们阅读生命，恢复某些丢失的章节，并且预测未来我们的生命图书馆会是怎样的。

---

[1] 西班牙著名女演员。

然而，他们两位并非从零开始，而是站在其他科学家的肩膀上，正是这些前辈照亮了他们生命的道路。接下来我们先来看看豌豆和一位奥地利神父，格雷戈尔·孟德尔（Gregor Mendel），他是第一个通过观察生物连续几代传递的性状（包括人类、动物和植物），并对此进行研究、分析和描述，确定基本特征传递规律法则的人。他对豌豆这种小小蔬菜的研究，为整个现代遗传科学奠定了基础，尽管有趣的是，他并不是发明"基因"（Gene）一词的人，这个词是在他去世之后才诞生的。

1856~1863 年，他培养了 7 个不同品种，用了约 30 000 株豌豆进行杂交实验，而选择这些品种是因为它们的植株较矮且发芽迅速。他得出的结论是，杂交的结果并不是偶然，而是遵循某些规则，这就是今天的孟德尔定律。虽然当时孟德尔并没有提出"基因"一词，但确实是他第一个提出了"显性"和"隐性"这两个概念，这两个词指的是这些植株可能具备的特征表现形式，可以用来解释所发生的情况。简单来说，如果在后代身上同时出现了父母的两个具体特征（例如眼睛的颜色），则可以认为这特征属于"显性"特征，且将成为后代的品质。

由于各种原因，孟德尔放弃了他的研究，投身到其他问题的研究中。孟德尔和达尔文是同时代的人，他们两人可以在很大程度上依赖其各自的研究进行合作和交流，但是，除了孟德尔读过《物种起源》以外，两人从来没有实际接触过。孟德尔发现了特征是如何在一代代人之间相传的，而这正是达尔文所需要的，用来驳斥其诋毁者的科学论据。

根据比尔·布莱森（Bill Bryson）[1]的说法，直到1900年，三位科研人员分别开展相关研究，并且得到了相同的结论，孟德尔的成就才得到

---

[1] 美国著名作家，代表作《万物简史》。

普遍认可。这三人中的一个曾经想独吞所有成果，还好另一位诚实地披露了所有这些结论早在 40 年前就由孟德尔提出了。

根据科学家们观察的结果，人体内每个细胞都具有 3 个部分：细胞膜、细胞质和细胞核。我们的 DNA 就存在于每一个细胞的细胞核中，它造就了各色各样的人。而正如我们在前面说过的，人类和黑猩猩之间，DNA 的差异在 1% 左右，所以，我们可以站在科学的角度上肯定地说，你和你在路上遇到的任何一个人之间，DNA 的差异可能仅为 0.01%。

那么，为什么我们所有人的样貌差异却如此之大呢？有两个原因。第一，正因为我们在各个方面已经如此相似了，所以我们才会更加强调样貌的不同，而与此同时，这方面的差异也是最明显的。一个来自肯尼亚的小孩，与一个来自瑞典拉普兰的小孩的心脏跳动方式是一样的，他们循环系统的内部构造也是一样的，他们大脑的恐惧或奖赏机制的运作方式还是一样的，但是，如果我们观察他们的肤色，就会发现二者完全不同，即使两人上皮细胞增殖的方式是完全一致的。第二，虽然我们各方面（几乎）完全一样，但是由于体内的基因与任何人都不一样，我们也可以肯定地说，我们每一个人都是独一无二的。我们都是独特且不可复制的生命体，而 DNA 检测之所以如此可靠和有效，就是因为世界上没有任何两个人的 DNA 是完全一致的，即使是双胞胎也不一样。如果你的 DNA 出现在凶器上，你可能不是凶手，但你肯定接触过它。

来自美国达拉斯的科尔内留斯·杜普雷（Cornelius Dupree）应该感谢 DNA 研究的进步：本来在受害者的错误指认下，他被判处 75 年监禁，但是在坐了 30 年冤狱之后，他最终被改判无罪。尽管 30 年这一数字已经足够惊人，但是在"冤狱排行榜"上，排在他前面的还有含冤 35 年，来自佛罗里达的詹姆斯·贝恩（James Bain），以及在田纳西州，经历了31 年牢狱生活才被证实无罪的劳伦斯·麦金尼（Lawrence McKinney）。我们应该感谢 DNA 研究为我们提供的确定性，同时也应当牢记由某个非政府组织提供的数据：在被科学证据推翻的罪案中，有 75% 的案件存在目击证人错误指认无辜者的情况，正如我们在前面的讨论中所提到的，大脑是具有可疑的可靠性的工具。

在动物体内，基因序列在精子进入卵子，实现受精的那一刻起就已经决定了。受精后得到的这个新细胞被称为受精卵。正是在这里，在这个最初的时刻，所有的遗传密码，生命之书中，为我们在子宫内的发育以及余生的一切制定规则的说明，都已经决定了。我们体内有影响各种外貌特征的基因（比如眼睛的颜色，头发的颜色以及肝脏的构造），还有决定我们应该长出什么器官，以及如何长出来的基因。后者可以理解为结构和管路的构成，而前者则指的是设计和装饰。

构成我们的身体的所有细胞，都将由这个受精卵分裂产生，由此得到这几万亿个细胞。它们中的每一个又含有 23 对结合了我们父母双方遗传信息的染色体。在这个问题上，已经有了非常多优秀的著作，以风趣幽默的形式，深入探讨了关于生殖、遗传密码和生物体的相关问题，但是，我们接下来将在这里讨论新闻媒体最常引述和普及的那种解释。

如果我们将生命理解为一本书，那么它只会用 4 个字母（4 种分子）来书写，而这 4 个字母总是以相同的方式来进行两两组合。它们分别是腺嘌呤（Adenine）、胸腺嘧啶（Thymine）、鸟嘌呤（Guanine）和胞嘧啶（Cytosine），在所有情况下都可以用它们的首字母来指代（A、T、G、C），且 A 总是与 T 配对，G 总是与 C 配对。为了方便记忆，我的办法是分别以 "Atlanta"（亚特兰大，可口可乐在美国的总部所在城市）

和"Gran Canaria"（大加纳利群岛，靠近特内里费，而这个城市是西班牙第一瓶可口可乐装瓶的地方）来帮助记忆这两种组合。这种说法可能略显牵强，但是对我来说十分有效。

这4个字母指代的是4种分子（碱基），当它们以AT和GC的形式两两组合时，就形成了生命之书的"文字"。基因就是这些文字的组合，就像是这些文字组成的话语；一组基因序列就构成了染色体，用我们的比喻来说，就是一个章节段落；最后人类细胞里的这23对（46条）染色体，就构成了这本所谓的"生命之书"。

我们之所以能如此了解基因和DNA（虽然我们也还有更多未知的东西），是因为早在1953年，沃森和克里克这两位科研人员就找到了描述生命之书撰写方式的关键，然而，关于染色体的讨论，早在19世纪末就已经出现了。染色体与遗传学传播相关的观点，在20世纪30年代就已经产生了。在这条研究道路上，托马斯·摩根（Thomas Morgen）投身于黑腹果蝇的遗传研究，这种苍蝇也被称为醋蝇，也就是通常在我们家里的水果中会出现的小苍蝇，它们繁殖速度极快，而且饲养成本也非常低。

摩根在哥伦比亚大学的实验室内进行的果蝇研究发现，这些果蝇有一只在出生时眼睛是白色的，而非常见的红色。这一极为明显且易于发现的特征，使摩根和他的团队能够对杂交后代进行跟踪研究，了解这一特征是如何进行代际传播的，这种现象出现的频率，以及应该遵循何种规律。苍蝇仅有4条染色体（方便进行观察），每10天就可以进行一次繁殖（可以快速推进实验），这些都极大地方便了实验的开展。而这些实验也让人们确信，染色体参与了遗传特征的传递，但我们还想继续知道的是，它是怎么组织参与传播的呢？

来自剑桥大学的科学家弗朗西斯·克里克和詹姆斯·沃森，这两位我们在前文中都曾提到过，他们的研究解答了上述问题。除此之外，还有大量的科学文献提到了另一位做出贡献的女性，罗莎琳德·富兰克林（Rosalind Franklin），她先于前面二位发现了这一关键点，但是并没有继续后续研究，反而是克里克在得知了富兰克林的研究成果后，继续耕耘，最终得到了这一使其声名大噪，并获得 1962 年诺贝尔奖的伟大发现。

现在，双螺旋结构已为人熟知并且流传广泛。我们把它想象成两条以反向平行的形式连接起来的弹簧，即两条弹簧之间互相不接触，但是扭转方向彼此相反，就像两条相互缠绕，但是其中一条的头与另外一条的尾巴接合，且反之亦然的蛇。而这两条螺旋链之间的连接，就像扶梯的台阶一样，根据我们在前文所讨论过的那种形式，即 AT 和 GC，将它们两两组合起来的碱基对进行连接。这种组合配对的规则，就解释了如果将双螺旋分开为两条"弹簧"，就能够进行复制，得到一段与其之前所匹配单链相同的片段，因为留下的片段只能与前一片段完全相同的组织进行互补和匹配。举个方便理解的例子，就是"弹簧 A"的序列为 AAGTAGGC，它只能匹配序列为 TTCATCCG 的"弹簧 B"。

今天，对于我们来说一切仿佛都非常简单，就算是我这样一个只学过新闻学的人，只需要一点点帮助，（希望）就能够解释清楚如此复杂的东西。到这里我们这一主题的讨论就要告一段落了，但是在此之前我还想指出关于基因的两个问题，方便我们清楚必要的概念。人类尽管数量众多，但其实总共只有大约 23 000 个基因（虽然有些人认为这一数字应该高达 40 000，但是通常给出的数据在 20 000~25 000 个），且在任何情况下，都并不比一只虫子的基因数量多多少。2000 年 4 月，科学家们实现了对上述的所有碱基对的测序（读取），也就是了解了我们的 DNA 里含有 AT 和 GC 组合的数量。研究结果显示，我们的每一个细胞中有着 30 亿个这样的组合，虽然我们还不知道它们每一个的具体作用，而这也是科学家们正在努力的方向。

正所谓学无止境，科学研究证明，我们的 DNA 中只有 2% 的碱基表达了遗传信息。那么，其他部分都是什么呢？2012 年以前，我们并不知道这部分物质的用途，而是习惯性地将其描述为"垃圾 DNA"，而就在 2012 年，得益于 Encode 项目①，我们了解到这部分碱基中可能隐藏着某些疾病出现的关键信息，因为在这些看似杂乱无章的碱基对组合中，存在那些与基因发展相关（有利或阻碍基因发展）的指令。举例来说，它们就像我们经常可以看到的，围绕在球队运动员身边的工作人员，包括教练员和装备管理员，没有他们，球队根本无法参加比赛，甚至无法组成一支队伍。而如果我们从计算机领域进行类比，这些 DNA 片段就像是堆积在硬盘上，慢慢将计算机的运行速度拖得越来越慢、反应越来越迟钝的临时文件和碎片。

虽然我们已经知道了很多关于基因和遗传学的知识，但同时，处在我们未知领域的东西也很多，甚至比已知的还要多得多。然而，我们所生活的环境，所从事的媒体行业，意味着我们会越来越频繁地读到或是看到关于基因发现的新闻，仿佛生命的所有复杂性都能够简化为一个单一的元素。基因研究方面的业务发展蓬勃，尤其是在美国，我们随便在网上一搜就能找到各种基因检测公司，只需花费几百美元，就能对自己

---

① DNA 元素百科全书（ENcyclopedia of DNA Elements），这是由美国提出的一项倡议，持续 9 年，且期间超过 400 位科学家参与其中。

的 DNA 进行详细分析，并告知我们患上某种疾病的概率。

来自伦敦国王学院的流行病学和遗传学教授，畅销书《相同的不同：你的基因可以改变》①的作者，蒂姆·斯佩克特（Tim Spector），在几年前对两家此类型公司进行了测试，将自己的唾液和口腔上皮细胞的样本送到了两家提供此类服务的实验室。结果如何？抛开细节不谈，虽然这两家公司都号称可以进行基因检测，但重点在于，他们所进行的相关研究并不相同，甚至毫无相似之处，而关于他可能患上的疾病，以及可能出现的器质性病变，两家公司的结论也截然不同。

总而言之，我们还有很多需要学习的东西，并且应该对那些所谓的发现进展持保留态度，对那些夺人眼球的宣告内容保持警惕。我曾在 2013 年 10 月 28 日读到一个美国广播公司的整版新闻标题，"新发现 11 个可能增加阿尔茨海默症患病风险的基因"，这项研究非常重要，研究人员通过对来自 15 个国家的 74 000 人的基因组进行了分析，在这场影响全球 3 500 万人的病理学斗争中取得了进展。期间还有多位来自西班牙的科学家和机构参与其中，而根据文章中所引述的一位西班牙神经科学专家的说法，"（这项研究）至少在短期内无法改变阿尔茨海默症的诊断和治疗方式"。而我们都清楚，想出一个吸引眼球的新闻标题所耗费的时间，与为一种疾病找到治疗方案所需的时间，完全无法相比。

斯佩克特是全世界双胞胎研究方面最权威的专家之一，而根据他自己的观点，直到眼下他仍旧坚持认为，基因对我们生命的决定性高于环境。简单来说就是，他认为，我们是谁，我们以后会变成什么样，我们身上会发生什么，以及我们的性格和可能患上的疾病，都已经由我们

---

① Identically Different: Why You Can Change Your Genes

的 DNA 预先决定了。持这种观点的人经常会在双胞胎研究中寻求支持，特别是所谓的"同卵双胞胎"，因为两个孩子是从同一个细胞而来的，因此从遗传学角度来说他俩应该是完全相同的，包括各自基因组在内。

　　如果我们就是研究人员，希望衡量基因在决定自身方面的重要性，那么肯定希望能够找到几对同卵双胞胎来参与研究：出于某种原因，这些孩子在出生时就被分开，但当他们重逢时，我们会发现，除了正常来说容易理解的外貌是相似的以外，他们还会有很多其他相同的"社会性"特征（口味、偏好、生活方式……）。这种情况曾经在 20 世纪 80 年代的明尼苏达州的一对双胞胎身上得到证实，而多年以来，它也为那些捍卫基因对于我们身上所发生的一切具有重要作用的观点的人，提供了信仰支撑（而本人作为一个怀疑论者，从来没有明确地认同这一点，因为正如你将在后文读到的，在那些难以置信的巧合背后，还有更多情况是基因无法解释的，甚至可以说，两个孩子之间还有更多的地方是完全不同的）。

　　1979 年，一个名叫吉姆·刘易斯（Jim Lewis）的男人，在他 39 岁的时候找到了自己素未谋面的双胞胎兄弟。他们的母亲是个单身妈妈，在他俩出生一个月的时候将他们兄弟送给了他人收养。当他们二人重逢时，两人感觉看对方就像照镜子一样，而且两人的身高和体重都是一样的；他们甚至都先后跟两个名叫琳达（Linda）和贝蒂（Betty）的女人结婚、离婚、再婚，而且顺序都一样；都养过一条名叫托伊（Toy）的狗；他们的长子都叫詹姆斯（James），而且两个孩子在学校里都喜欢数学和语言这两个科目；而最重要的是，他们都做过兼职警长，喜欢做木工，喜欢去佛罗里达避暑，喜欢喝同一个牌子的牛奶和啤酒，甚至他们的车都是一样的。这让大家难以置信，对吗？

　　这个故事非常出名，也经常被引用，甚至你可能在和朋友喝咖啡闲聊时，都听到过对方讲述这个故事，就像自己是见证者一样。但是，在你被说服，相信基因决定一切之前，我希望你能继续往下读。这对双胞胎的情况是如此引人瞩目，以至于引来各路媒体争相报道，吉姆兄弟摇身一变成了社会名人，不仅接受了遍布全国的电视节目采访，甚至《时代》杂志都对他俩的事进行了专题报道。而正如人们常说的，所有的报道都是对事实的"加工"，也就是说，他们总是突出所有的巧合之处，而不会对任何信息提出质疑。

　　所以，这中间有一些细节被漏掉了，不是因为媒体的隐瞒，而是因为当记者要讲述一个关于"来自明尼苏达州那对不可思议的兄弟"的故事时，经验会告诉我们，故事应当着重在巧合的部分，但还有一些我们不知道的事：兄弟两人中，有一个与第二任妻子也离婚了，并且娶了第三任妻子；他们两人的发型完全不同；其中一个喜欢写作，而另一个则十分健谈。我相信如果问他们足够多的问题，就会发现更多两人之间不同的特征。

　　如果我们增加更多元素用来分析：他们两人都居住在俄亥俄州的郊区，而那里的人群多样性并不丰富（我们得理解，那里并不是纽约），而在类似的社会阶层和环境中，人们喜欢的品牌和口味大抵都是相似的，就像在西班牙南部，人们普遍喜欢喝的啤酒是克鲁兹坎波牌（Cruzcampo）的，而在马德里，人们则更钟意马乌牌（Mahou），这并没有什么值得惊讶的。人们在选择汽车品牌时的偏好，也与自身所认同的所属群体有很大关系，这就是为什么有时候我们没有见过那些人，也知道哪个类型的年轻人喜欢开大众高尔夫，或者什么样的成年人喜欢开福特蒙迪欧。

　　为了消除疑问，也为了顺道质疑吉姆双胞胎故事的魔力，接下来我们再来看另外一个同样著名，但年代更接近我们的例子：一对出生在伊朗的同卵连体双胞胎姐妹，她们的故事在几年前（2003 年）震动了全世界。她们死在一台极其复杂的外科手术中，医生试图将她俩从出生以来就连在一起的大脑分开。姐妹俩分别名叫拉丹（Ladan）和拉莱（Laleh），出生时她们的头部就连在了一起，多年以来，两人在各种意义上形影不离，但是她们的口味和梦想却不尽相同。从逻辑上讲（当然事实上也很明显），她俩的社会和家庭环境完全相同，而尽管遗传密码完全一致，她俩一人声称喜欢动物，另一人则喜欢电脑游戏；一人是左撇子，另一个是右撇子；一人梦想当记者，而另一人梦想当律师，这大概是因为她们分别把自己定义为外向型和保守型人格。

　　然而，人们对遗传方面因素的重视愈演愈烈。不管事实真相如何，新闻媒体们总是更倾向于强调将"遗传因素"作为事情发生和发展的缘由。这么做可以让作者过渡到对大自然魔力的讨论，并且提供总是能美化任何故事，也能制造吸引眼球标题的伪科学数据。让我们来看看戴维·申克（David Shenk）在《天才的基因》[①]一书中所提到的一个案例。

　　在 2008 年北京奥运会期间，一位牙买加运动员无疑成了此次赛会的大明星，因为他与来自美国巴迪摩尔的游泳名将迈克尔·菲尔普斯（Michael Phelps）一样，获得了所有新闻媒体的最高关注。菲尔普斯打破了此前由马克·斯皮茨（Mark Spitz）保持的纪录，并获得 8 枚奖牌，而尤塞恩·博尔特（Usain Bolt）则以断层式的优势（9.69 秒）赢得了男子 100 米短跑冠军，同时也取得了男子 200 米短跑的胜利，成为世界上

① The Genius in All of Us

跑得最快的人。而牙买加姑娘们也毫不示弱，包揽了女子 100 米和 200 米短跑比赛的前三名。对于牙买加这样一个人口仅 300 万的加勒比小岛来说，这无疑是一项伟大的成就。

博尔特在 2012 年伦敦奥运会的男子 100 米和 200 米短跑项目中卫冕成功，超越卡尔·刘易斯（Carl Lewis），成为在奥运会和世界田径锦标赛上获得田径项目冠军最多的运动员。经过这么长的时间，博尔特的名气只增不减，因为他身上有吸引他人目光的魅力，他的友善中夹杂着狂妄，但对于拥有这样出色成绩的他却又很容易为人们所接受。毫无疑问，他成了一个世界级的偶像，并且手握男子 100 米（9.58 秒）和 200 米（19.19 秒）的短跑世界纪录。即使是那些从来不运动的人，也知道他的名字。

随着博尔特以及众多优秀的牙买加运动员进入人们的视野，各路专家、教练和媒体也将视线投向了这个岛国，而在此之前，人们印象中与牙买加关联最深的，是雷鬼音乐（Reggae）和鲍勃·马利（Bob Marley），而非短跑运动员，尽管他们的短跑成绩一直都处于世界前列。而人们提出的问题可能很简单，尤其是对于美国媒体来说，因为他们在此之前一直是短跑项目的垄断者：这样一个人口数量不到美国百分之一的小国家，是怎么实现在田径赛道上取得如此巨大成功的呢？

根据申克的叙述，答案很快就出现了。没过几天，新闻头条就报道了，他们这种运动能力得益于一种名叫 "α - 肌动蛋白 -3" 的蛋白质，它会使肌肉纤维细胞更多次且更快地收缩，最终提供更多的跑动力量。这种蛋白质是由一个叫作 "ACTN-3" 的特征基因产生的，而科学研究显示，98% 的牙买加人体内含有这种基因，这一比例比世界上任何其他种族群体都要高得多。

虽然我们可能还是持怀疑态度，但其实大家已经看到了头条的标题——《速度基因》《牙买加人的秘密武器》，或是类似这种风格的内容。这些标题足够吸引读者的眼球，但是，这是真相吗？我们都知道，事实真相往往并没有头条新闻标题那么吸引人，但是，哪些数据又能让我们相信，自身努力远比几个基因所能决定的东西多，并让我们能够以正确的角度处理事实？这里就有一个例子：研究显示，上述的 ACTN-3 基因可以在 80% 的美国人身上找到，这就意味着至少从理论上说，有差不多 2.4 亿美国人具有这种能力，只是他们不知道如何发掘利用。更别提根据相关数据，欧洲有 82% 的人也携带这种基因，但除了在欧洲锦标赛上，他们从未在其他赛事中获得过短跑比赛的奖牌。所以，这个基因也没有看起来的那么有用。

在解释某个人在体育项目中取得的成功时，讨论某个单一因素，远比解释各种因素的组合更容易收获关注。首先是国家习俗，不同类型的运动或比赛对于世界上的不同地区，具有不同的重要性，更不用说气候条件、海拔高度、温度，或是人们的生活方式对运动员的影响了。由此，可以发现我们忽略了这样一个事实：在牙买加，田径就是运动之王，校园运动会的短跑比赛都能让全国陷入"瘫痪"，而所有的小孩儿都梦想成为短跑运动员。那么，如果我们再加上科学的训练和每位运动员所能够投入的时间、努力和牺牲呢？这些反思也能够解释为什么肯尼亚人总是能够赢得马拉松比赛，新西兰人常常蝉联橄榄球比赛冠军，而西班牙人在足球比赛中优势巨大。

神童真的存在吗

我并不认为我们已经偏离这本书的中心主题——幸福，尽管我们已经在前文很多篇幅中没有提及它了。我们讨论的所有关于基因的内容，都是为了缓和基因对我们在解释每个人的性格时产生的影响，减弱我们将幽默感、社交能力、表达能力、对他人的开放程度、害羞等特征归因于遗传决定论的趋势。随着在前面提到的，吉姆的双胞胎的故事发展，科学家们启动了一系列研究，试图利用这个故事的吸引力，计量一起长大的双胞胎之间和分开长大的双胞胎之间的差异。最后，由一位来自明尼苏达大学的心理学家所领导的研究小组，得出了一些（我并不赞同的）结论：基因对 60% 的智力，60% 的个性，40%~66% 的机动能力，以及最高 21% 的创造力负责。这些数据令人印象深刻，对吗？

但真相并非如此。他们只是从研究过的案例中得出了这些结论，缺乏进一步的深度研究，所以这些数据也不能推导至其他人类，不管他们是不是双胞胎。众所周知，平均数表达的只是一个相对水平。一个班级的平均身高是 1.70 米，只是说明将所有学生的身高相加，再除以学生人数之后的结果，而实际上可能没有任何一个学生的身高是 1.70 米。把一个研究小组的所谓成果类推至整个人类，就好像是根据一些像基因与环境之间相关性这样复杂的东西，尝试推断出在考虑到年龄、出生地以及同龄人跑步速度的情况下，自己能够获得的成绩。显然这应该取决于自身的训练程度、睡眠状况、积极性，以及其他的大概 100 件事。

环境，尤其是我们后天的成长环境，其影响几乎是压倒性的，而这一点我们都能直观地理解。但是，这一观点有时会与遗传天才的概念相对立：有的人似乎天生就对某种任务、某项运动或是某个爱好有天赋。如果现在请你说出一个神童的名字，我敢保证每一个西班牙人第一个说出来的肯定是足球运动员的名字：这是文化和媒体宣传导致的合理结果。但是，如果我们讨论的是另外一项活动，比如音乐，那么人们第一个想到的肯定就是莫扎特。而奇怪的是，这种无意识且疯狂的天才光环，尤其是在那部荒诞电影①的加持下，其实与这位不幸的音乐家的一生完全没有关系：虽然莫扎特名留青史，但是在生命的终点，他凄惨埋骨社区公墓。

沃尔夫冈·阿玛多伊斯·莫扎特（Wolfgang Amadeus Mozart）3岁成名，5岁就创作了自己的第一部作品。他是如何做到的呢？要说他因受到某种神秘力量的点拨而成为天才，这个答案显然是错误的，就好像因为他父母的基因融合，使他成为一个音乐奇迹一样，这个说法也不成立。让我们来看看一些针对怀疑论者的数据吧。

史料显示，他的父亲利奥波德（Leopold）也是一位音乐家，而且不是普通的音乐家。他在维也纳声名显赫，但并没有达到成为指挥家的高度。所以，他决定将自己的音乐野心传递给孩子们。因为他除了是位专业的音乐家，还是一名教师，甚至写过一篇关于如何学习演奏小提琴的论文。他的第一个教育对象就是他的长女，南妮儿（玛利亚·安娜·莫扎特，Maria Anna Mozart）。近年，这位女士的一生也重新进入了人们的视线，并且被拍成了电影——《南妮儿，莫扎特的姐姐》②。莫扎特父亲的教育方式是，从他们幼年开始就每天练习数个小时，而最后，他的长女也成了一位出色的钢琴家和小提琴家。

---

① 《莫扎特传》（*Amadeus*）。——译者注

② Nannerl, la soeur de Mozart

莫扎特一出生，他的父亲就将姐姐抛诸脑后，并将自己所有的技艺和心血，都投入到了对儿子的培养上。他比姐姐小 5 岁左右，出生和成长都处于围观姐姐练习的环境中，甚至在还不能站立的年纪，就已经学会模仿了。也是从那时起，他在整个欧洲的宫廷声名鹊起，惊艳了全世界。所以，他的成功其实不外乎承自父辈的娴熟技巧，以及如魔法般耳濡目染得到的能力。

事实上，我们在上文提到过的戴维·申克，曾经多次讨论莫扎特或是迈克尔·乔丹的案例，以此来表明他所认定的观点：世界上并没有所谓天才，而造就天才的只是有利的条件而已。他还指出了在所有针对某项特定的活动，讨论"天赋"或是"天才"的情况下，应当注意的 5 个问题：

第一，锻炼可以改变体质。科研人员记录了人们在针对某项特定的任务，开展高强度锻炼之后，大脑、肌肉等方面发生的物理变化。

第二，习得能力是特定的。那些在某项任务上达到一定高度水准的人，在其他的任务中，不一定也能有相同水准的能力。比如在体育方面，有的运动员在举重上可获佳绩，但其他方面比如游泳方面却不出色，这样我们就能轻易地理解了。

第三，大脑引导方向。在"成为天才的过程"中，对某项任务的逐步掌握，可以使你对这个任务本身的印象更加直观，能够节省大脑的思考时间，以及由此耗费的能量。

第四，练习很重要。这一点不是说你要比别人练得更多，而是需要掌握更好的练习方式。为了达到掌握某项活动的水准，需要进行特定类型的练习。

第五，短期的强度训练并不能代替长期坚持。练习必须是持续不断的，而不能是爆发式的。就像在体育锻炼中，一天锻炼 4 个小时，然后就认为这与 4 天内每天锻炼 1 小时一样，这种想法是不可取的。短期要求和长期坚持需要并重。这也是处理想要在某个方面脱颖而出的压力的方法。而正如我们所看到的，这一切都与遗传基因的神奇魔力相去甚远。

环境影响

我们并不是要否认基因对我们行为产生的影响（当然还有对我们的幸福感产生的影响），即使表面上看起来的确如此。我们还会逐步引入一些补充性的元素，来提供一个更为完整的说明。我完全不相信决定论的观点，因为我认为这样就阻碍了人类（包括你和我）取得进步，改善生活，甚至寻求情感幸福的能力。

父母和家庭环境的影响，早期受过的刺激，感情生活，得到的爱，以及所有我们可以定义为每个人所处的"环境"的东西，都在影响着我们成为的样子。众多教育学研究表明，测试题面的话语会改变人们在面对测试时的态度和回答。卡罗尔·德韦克（Carol Dweck）是一位来自斯坦福大学的心理学家，早年间她在哥伦比亚大学做研究时，以一种非常简单的方式证明了这一点。她选择了 400 名七年级学生接受测试，解答题目。然后将他们随机分为两组，并且对第一组的学生说"你很聪明"之类的话，夸赞他们天生聪慧，对第二组的学生则是认可他们的努力，然后对他们表示"你一定花了很多功夫来解决这些问题"。

然后，再次要求所有人继续接受新的测试：研究人员给了他们一些简单的题目，以及另外一些有难度的题目，但老师保证，他们已经学到很多题目的做法，这些题目由他们自行选择作答。两组学生的各自表现如何呢？当然是大相径庭（尽管从个体角度出发，还是存在一些例外情况）。在第一组学生中，超过一半的人选择完成了相对简单的题目，而第二组中，有超过 90% 的学生，选择了解决更为困难的题目。这时候，基因的作用又体现在哪里呢？

在结束这一部分之前，我还想提一下这个案例：1970 年，一位来自斯坦福大学名叫菲利普·津巴多（Philip Zimbardo）的教授进行了一场实验。这个实验几乎出现在了所有关于社会学、心理学、集体行为的书中，此外，在一些关于神经科学和情绪的著作中也时常能够看到。

我选择的版本是马尔科姆·格拉德威尔（Malcolm Gladwell）在其享誉全球的畅销书《异类：不一样的成功启示录》①中的叙述。津巴多想要进行一项研究，这项研究也是一项田野调查，他试图找到监狱为什么是个如此可怕的地方的原因，并且尝试据此给出一些建议措施。

研究人员根据研究结果得出结论：环境对我们的影响极为剧烈，而更加不同寻常或是处在刺激强度更大的环境，对我们的行为影响也更大。事实上，津巴多和其他参与此次实验的教授们认为，我们的行为中，有接近 50% 的部分会受到基因的驱使。但是，如果我们从另外一个角度解读这场实验，我们可以认为，在极端情况下，环境条件可以凌驾于任何遗传物质带来的影响，所以，我们必须承认，环境，即使是在我们所习惯的情况下，在讨论我们做出的反应，我们是谁，以及我们需要得到什么才能获得幸福等问题时，具有重大意义。

关于极端情况对人类的行为以及我们同类行为的影响，我们可以从

---

① Outliers: The Story of Success

维克多·弗兰克尔（Viktor Frankl）的著作，《生命的探问》（*Man's Search for Meaning*）[①] 一书中得到很多启发。这本书是这位精神病学专家和作家，以第一人称视角来叙述自己在纳粹集中营中所经历的一切。万幸的是，他活着从那里走了出来。这本书作为一本传记而非小说，其中充满了具有深度和希望的思考，他叙述了在集中营里，他为了保持个人身份认知、价值观，以及记忆的稳定不受篡改，而进行的各种抗争。他表示，书中讲述的故事充满苦难，但可以视为对所有集中营中反对野蛮屠杀的个人，所做出的所有抗争的赞歌。当讲述到团结所有人是如何起作用时，他并没有回避在面对生与死的问题时，尤其是在面对可能有利于亲友的选择时，他自己的挣扎和抉择："任何人都不应该进行批判，任何人都不行，除非他能够以绝对的真诚保证，在类似的情况下，他会做出与之不同的选择。"

我们应当明白的是，他说的是，我们不能置身事外地去批判那些，尝试在无法可依、没有原则且没有价值观的环境中，拯救自己长期经受集中营守卫残暴折磨的家人或朋友的人。因为集中营的守卫才是应该受到所有人批判和谴责的人，正如历史和法律所做的那样。

现在，如果我们在讨论基因遗传的决定性特征时，将天平移到另外一头，然后得出一切结果均取决于环境的结论，逻辑上也说不通，因为在我们身上所发生的各类事情，其实都有着遗传的因素。在我们目前讨论的范围内，我们可以将其概括为 G 因素（遗传）或 E 因素（环境），但是这种方式早就被取代了，现在有更多的支持者和捍卫者认为，是 G 因素 ×E 因素，即基因叠加环境。这里主要分析的是两种情况：我们

---

① 弗兰克尔的《生命的探问》中译本由人民邮电出版社出版。——编者注

在出生时并不是一本已经写成并且封闭的书，而是在生长的过程中会受到遗传密码的制约，且我们身边的所有环境，包括我们个人的家庭、教育、经历等背景因素，都会对我们自身成长产生重大影响，甚至可以改变我们的基因，同时，这些因素也会影响我们的后代。

为了从源头厘清这个问题，就像现在的银行广告一样，戴维·申克在《天才的基因》一书中发布了一张照片，打破了从前固有的模式。这一点很简单，但这也是为什么它作为一种沟通凭证是如此高效。那是一张同卵双胞胎，奥托（Otto）和埃瓦尔德（Ewald）的照片，照片中的他们都穿着运动装（短裤），且并没有穿上衣。这张快照的贡献和意义又在哪里呢？在于它向我们展示了基因具体的样子，以及"我们用这些基因都做了什么"。奥托是一名长跑运动员，他拥有这类运动员的典型外表：面部线条尖锐，身材干瘦；而与之相反，埃瓦尔德则是一名健美操运动员。两人外表虽然长得极为相似，而且如果两人所从事的运动相同，我敢保证他们俩会长得更像，因为毕竟他们是同卵双胞胎，但是由于他们各自的特长并不相同，我们一眼就能分辨出来，双胞胎也可以像他们各自所从事的不同运动一样，有截然不同的发展。

这只是一个开始，而且我肯定大家都怀疑这些所谓的后天获得的特征（苗条身形或是肌肉结构），能否遗传给他们的后代。然而，这些后天条件和环境，有没有可能改变我们的遗传基因和留给后代的 DNA 呢？答案是肯定的，而且我们已经建立了一门学科——表观遗传学，专门围绕基因与世界的相互作用开展进一步的研究。这门学科风头正劲，各种书籍、刊物和著作如雨后春笋般涌现。它专注于对除基因以外，所有可能影响生命体发育的因素进行研究。这个词是由 C.H. 沃丁顿（Waddington）在 1953 年创造的，正是在这一年，沃森和克里克破译了

DNA 的结构。

这一理论的先驱是让·巴蒂斯特·拉马克（Jean Baptiste Lamarck），他曾尝试以适应过程解释自然界中存在的差异。他举过一个十分经典的例子：长颈鹿会有很长的脖子，是因为它们一直在为了能够吃到越来越高的树叶而努力伸展它们的颈部。然而，现在我们都知道，事实并非如此，达尔文以其物竞天择、适者生存的理论，推翻了拉马克那无法解释父母如何将后天的变化遗传给其孩子的观点，尽管后来科学研究发现（当然也可能是以不自知的形式），这一观点还是有一定道理的，因为环境能够改变和制约遗传基础，而有些适应性的改变，确实是能够遗传给后代的。

最早完成和证明上述判断的科研工作之一，就是 1957 年斯坦福大学医学院进行的一项研究，科研人员对生活在加利福尼亚的日本裔儿童进行了身高测量，并且与在第二次世界大战之后，生活在日本的同龄儿童进行比较。结果显示，在加州长大的孩子平均身高比在日本本土长大的孩子高 5 英寸[①]，因为他们生活在一个物质条件更好的环境中。

另外，我们还看到一份 2013 年 9 月发表的报告，其中一项令人惊讶的研究数据，证实了上述分析：1870~1980 年，欧洲人的平均身高增长了 11 厘米。根据《世界报》和该研究报告作者援引自英国埃塞克斯大学的研究，此项增长的实现，得益于医疗卫生条件的改善，婴儿死亡率的降低，以及某些传染类疾病得到了有效控制。作者在总体结论中再次表明，在所有的欧洲国家中，此类增长并非完全一致，比如在希腊、葡萄牙和西班牙，人们的平均身高增长是从 1950 年开始，且一直持续

---

① 1 英寸等于 2.54 厘米。——编者注

到 1980 年，即随着西班牙经济的发展，我们这代西班牙人的平均身高是最高的。从基因的角度来看，经过一个世纪的代代相传，并不会发生大的变化，但是如果我们从人体发育的角度来看，一个世纪足以产生天壤之别。

第一项可以证明环境变化可能改变基因的研究，可以追溯至 1999 年，这在科学界就像是前两天才发生的事。一位来自英国约翰·英纳斯（John Innes）研究中心的，名叫恩里克·库恩（Enrico Coen）的植物学家尝试从一种名叫反常整齐花的植物中，分离出两种使其以不同形式绽放的基因。在设法分解出这两种 DNA 之后，他惊讶地发现，二者竟是一样的，且差异仅在于一种叫作组蛋白的物质，它以某种形式陪伴和保护着 DNA。从那时起，各种类似的研究案例，或者准确来说，证实这一事实的研究案例，层出不穷。

人们总是更倾向于讲述各种奇闻，但是好处在于你能记住其中的一两件，来向其他跟你我一样的怀疑论者解释其中的道理。有一种名叫刺豚鼠的老鼠，它原本的毛色是黄色，但是如果你给它喂食某种特定的食物，它的身体就会停止产生维持毛色的那种蛋白质，然后它的毛色就会变成褐色。令人惊讶的是，这种情况下它们的后代出生时毛色也将是褐色。

还有另外一个类似的例子——蜜蜂。能够影响蜜蜂发育以及它们后代的是饮食，无论是蜂王、雄蜂、还是工蜂，它们都有着相同的 DNA，但是只有不断用蜂王浆喂养的那只，才能成为蜂群的首领，并且发育出区别于其他种类的各种功能。为了丰富关于动物世界的种种对话，我们还可以来聊聊那些性别取决于水温，以及那些可以根据种群需求改变性别的鱼类。

那么在人类身上又是什么情况呢？环境对人类的影响，会不会导致我们基因载体发生改变呢？在回答这个问题时，人们通常会提到瑞典和荷兰这两个国家，以及两个情节不同，但是实际结局相同的故事。首先，我们来看看发生在瑞典小镇，奥弗卡利克斯的故事。这个地方靠近北极圈，并且在地理和经济上都距离瑞典其他地区很远。来自英国的科学家马库斯·彭布雷（Marcus Pembrey），和来自斯德哥尔摩卡罗林斯卡学院的拉尔斯·奥拉夫·比格伦（Lars Olav Bygren）一起，在这个小镇的墓地发现了他们调查的关键。马库斯在当地的一个教区内，随机选择了 99 个出生于 1905 年的居民，然后追踪他们父母的生活，并且调查那些年庄稼的收成情况。于是他们发现了一种神奇的关联：如果父母生活的那些年份里，某一年庄稼出现了大丰收，那么他们的儿子和孙子（也就是上述被随机选择的 99 人），平均比他们少活 30 年左右。在这样一个特别贫瘠的地区，某一年的粮食过剩会改变那里居民的遗传活动，而这些变化会在其后的两代人身上显现出来。

上面说到的两个故事中的另外一个，是一个关于勇气和决心的故事。1944 年，在被纳粹占领的荷兰，工人们上街游行，举行罢工活动，与此同时，盟军正巧从诺曼底登陆，寻找前往柏林的道路。而纳粹对此的回应则是封锁当地居民，使其生活条件进一步恶化，以至于引发了史上著名的大饥荒。据统计，当时大约有 2 万名荷兰人出现了营养不良的情况或是直接被饿死。由于粮食短缺，孕妇所产下的婴儿也出现了健康问题。尽管战后出生那一代人的后代，生活在一个富裕且勤劳的欧洲国家，并且具备与其父辈所处时代类似的医疗条件，但是不同寻常的事情还是发生了。祖父那一辈所经历的饥荒，导致孙辈的 DNA 发生了改变。而这一情况是如何发生的，就属于表观遗传学的研究范畴了。

现在，关于遗传学，乃至先天遗传以及后天习得的讨论就要告一段落了，而为了勾起你的好奇心，引导你继续自行探索下去，我在这里再提出两个问题。虽然提出问题比做出解答要简单得多，但是，我们都知道这就是科学之路的开拓方式。这两个问题是，情爱和正面的情绪能够改变基因吗？所有的相同基因表现都一样吗？比如说，具有相同基因的两个人，对烟草和酒精的反应都是一样的吗？实验科学对此给出的答案分别为"是"和"不是"。

关于关怀和情爱的正面影响，我们已经通过猴子和老鼠证明了，如果将具有压力或焦虑遗传倾向的动物交由特别有爱心的母亲来照顾，它们的行为就会发生变化。相反，这里同样证明了缺乏关怀或离群索居也会改变遗传倾向。在后文中，我们会用大量的篇幅来讨论这些内容，因为尽管我们属于怀疑论者，但如果我们并不相信正面的情绪能帮助我们改善自己与生活的关系（当然是在一定程度下），我想你也不会浪费时间来阅读这本书了。

最后，我们来聊一个关于老鼠和随机性的实验。1999 年，一位来自俄勒冈州的研究人员，约翰·卡拉布尔（John Crabble），计划开展一项关于小鼠对酒精和可卡因反应的研究，他在实验中加入了一项地理因素。他同时在 3 个城市展开实验：美国的波特兰和奥尔巴尼，以及加拿大的埃德蒙顿（这两个美国城市相隔数千公里，相当于东海岸到西海岸的距离）。为了保证其他实验条件完全相同，他还制定了非常严格的实验要求，包括采用相同的笼子，喂食相同的食物，提供相同的照明等，所有一切都为了确保实验环境完全相同。当然，这些小鼠的基因也是相同的。

即便如此，这些小鼠的成长还是没能避免环境的影响。小鼠们对实验中所接触到的物质，反应不尽相同，甚至更令人惊讶的是，连位于同一个实验地点的小鼠，反应也各不相同。根据大卫·申克在《天才的基因》中所叙述的，在波特兰，有一组小鼠对可卡因特别敏感；在奥尔巴尼，有一组明显反应比其他组迟钝；而在埃德蒙顿，有一组实验用的小鼠，与它们的野生同类一样活跃，并且远比它们在波特兰或奥尔巴尼的"表亲"更为活跃。

这就是生命，结合了显著的同一性和差异性冲突，如此相似而又如此不同，堪称奇迹。

El mono
feliz

第四章

人类，失衡的天平

*Descubre cómo la ciencia
explica nuestras emociones*

我相信我们所有人，不管是不是怀疑论者，都认为自己是均衡而理性的个体，且具有高于平均水平的推理能力。这是人类所固有的特质。我们的主观性如此之高，以至于从一开始就将自己置于所有可能的平均水平之上。你我都清楚这是事实，但如果你还想做一个快速评估测试，可以找一群朋友或者同事，依次向他们提出以下两个问题：第一，你认为西班牙人的英语说得怎么样（这里并非影射马德里 2020 申奥演讲 ① ）？第二，你认为自己的英语水平如何？

他们的回答会是怎么样的呢？我敢肯定大部分人的回答，大概会是这样：对于第一个问题，会回答"相当差"或是"比其他国家差"；而

① 2013 年，马德里前任市长安娜·博特利娅女士（Ana Botella）在代表马德里对申办 2020 年奥运会做最后陈述的时候，英语口语令人大跌眼镜，此后，据民调显示，几乎全部的西班牙人都认为是安娜女士的英语口语导致马德里最终出局。——译者注

对于第二个问题，会回答"一般般吧"，但要说跟其他人比的话，会回答"中等偏上吧"。如果不是，要么就是你刚刚实现了一项社会学发现，那么我鼓励你继续探索下去；要么就是你是与一群病态的悲观主义者长期生活在一起，不然答案一定会是上述的样子。

事实上，在可口可乐幸福研究院发布于2013年10月的一份报告中，有两项数据再次证实了这一观点和倾向。只有43%的受访者认为，2014年会是一个对于所有西班牙人都更好的年度，但同时有67%的人认为在2014年他们自己会变得更好。从逻辑和数学思维的观点来说，这两项结果并不相符。如果我们都认为西班牙人的英语说得很差，就不可能有一半以上的人高于平均水平，因为这个平均水平应当体现的是所有西班牙人的整体水平。然而，在思维方面，大脑里理性的力量并没有占据主导地位，比如我们从记忆的角度出发，我们之所以说人类像个失衡的天平，是因为当我们的头脑在判断（或记住）所发生的事情时，会影响我们对主观性事情的判断，或是影响在我们面前正在发生的事情的进展，会让我们认为自己的姿态是出于反应或逻辑，仿佛我们是一台精确的秤一样，虽然这个例子过于简单，但是实际上我们就是一个非常护短的裁判，总是做出一些对我们自己有利的判断。

有条件的记忆

在前文我们讲过，我们用来储存记忆的大脑并不像是一台电脑，甚至永远也不可能像电脑那样工作。它并不会像我们的笔记本电脑一样，以二进制的代码保存信息，更不能以这种形式进行数据恢复。1917年，科学家们通过实验室里的小鼠，证明了大脑学习某项任务的条件会限制其执行这项任务的能力。在自然光的条件下，小鼠能够在一条没有尽头的管道（类似于健身房里的跑步机）内畅快奔跑，如果我们再次给它以相同的自然光照条件，它们能够更加灵活、矫健且快速地奔跑，而如果我们改用人工照明，则它们奔跑的状态就会大打折扣。

在我们身上所发生的事情，不管是在实际生活中，还是在我们脑海里，并非完全出于偶然，这是因为我们开发出的生存技能，是保住性命最有效的方法。环境能够让我们更容易地记住事情。一个孤立的事实可能或好或坏，因此我们需要一个参考框架，以便能够得出结论，并且尽快对此做出决定。想想我们的祖先在大草原上的时候，刚学会直立行走，必须在一个如此恶劣的环境中学会判断，什么事情可以做，什么事情不可以做。

我们必须为通过这种方式进行学习而付出的代价是，在特定的环境以外，我们远比自己想象的愚蠢得多，而我们的记忆很容易骗过我们，或者让我们找不出答案。想象你在度假时或出差时认识的某个人，或者某个朋友的朋友，因为你们彼此认识，你能够完美地在某个环境内认出这个人，并且给出关于他的细节，但是他并不构成你常用的关系圈。然而，如果在另外一个不同于你们相识场景的环境中，你很有可能即使和他擦肩而过也认不出来，或者是会认错人。当年我来到马德里上学，在大学里认识了很多新朋友，就是那种见到本人才会感觉熟悉的人。之后，当我在其他地方遇到他们时，完全想不起来是在哪里见过他们，因而总是做出相同的猜测："他一定是莱昂来的（因为那是我的家乡）。"你肯定也遇到过这种情况，在老同学的聚会上，需要一点时间才能回忆起眼前人的名字，而等你把自己放回从前的情境中，马上就能回忆起他们的全名。

　　这种情况与一组记忆能够勾起另一组与之相近的记忆相关。你肯定不是故意的，但当你想起老同学的全名时，就像原来在学校里点名一样，你的脑子里马上会涌现出一些与这个人共同经历过的情景：一次考试，一个进球，一场生日会，等等。不是所有人都具有马塞尔·普鲁斯特（Marcel Proust）的天赋，能够在事后进行重新描写，但是他在《追忆似水年华》①中所讲述的，男主人公把松饼蘸着茶吃的故事，暗示了在接触到适当的钥匙并触发时，我们的记忆所能够唤起的一切。这位法国作家可能并不知道的一个小细节就是，在所有的感官中，嗅觉是最能够有效唤起记忆的。而事实上，仅仅几周大的婴儿就能通过嗅觉识别出自己的母亲。

　　环境对我们认知和行为的影响，已经通过多项研究得到了证实，包括一些在水下进行的实验，而其中常被人提起，影响最大的是约翰·巴什（John Barsh）所进行的研究，他证明了周围环境对我们的暗示力和影响力。巴什召集了一群学生，并且让他们相信自己参加的是一项与语言和文字相关的实验。他向他们展示了一些与老年相关的词汇，比如"退休""佛罗里达"（最多美国人选择退休之后去养老的地方）"健忘""疾病"等。但实际上，实验本身与这些毫不相关——这只是个伪装。他实际上想要测试的是，如果在一段时间内，持续谈论某一个特定的话题，比如在这个实验中，一直谈论老年话题，是否会改变实验对象的行为。为了计量变化情况，他在学生们不知情的情况下，在实验场所的入口和出口处进行了拍摄记录。那么，结果怎么样呢？令人震惊。在离开实验

---

① 《追忆似水年华》是法国作家马塞尔·普鲁斯特创作的长篇小说，中译版由译林出版社于 2012 年出版。——编者注

场所时，人们行走和移动的速度，比测试开始时变慢了。

环境还能欺骗我们，而最清楚这一点的就是魔术师们，他们在表演中总是能够利用各种环境因素影响我们的判断，尤其是在表演扑克牌魔术时，我们很容易声称自己看到了其实并没有看过的牌，因为我们错误地认为魔术师已经展示过了。律师也非常了解这种不准确性，且一般情况下，对于所有看警匪刑侦类电视剧的观众来说也是如此，因为其中的很多内容都展示了提问的方式是如何限制证人回答的。

伊丽莎白·洛夫特斯（Elizabeth Loftus）是斯坦福大学社会生态学教授。在描述和分析我们接收他人讲述或提问的方式，是如何影响我们记忆这方面，她是全球最权威的专家之一。

洛夫特斯教授所研究的领域，是关于提问方式是如何限制受访者展开回忆的，她的研究结论在各种研究中被广泛引用。她最经典的研究案例之一，是一篇关于交通事故的论文。证人所说的车辆行驶速度，会根据问题中所使用的动词变化而增大。例如，如果问题是，在与对方车辆发生"接触"时，车子的速度是多少？那么所得到的速度的数值会比使用"碰到"时的低，使用"撞击"一词时数值会更大，而使用"碾压"一词时数值最大。

我们关注记忆，是因为我们记住的事情决定了我们是怎样的人，而反过来，那些精神沉淀物也是之后我们逐渐累积经验，进行分析和重组，以此创造我们所渴求的幸福时光的基础。我们的记忆并不完美，但这是属于我们自己的，独一无二的，即使我们总是在努力增加记忆容量，提高记忆技巧。不管怎样，就像我们在前面所引述的，盖瑞·马库斯在他的著作中所讲述的，我们的记忆总是围绕4种矛盾场景，而我们并不总是能以自己想要的方式来解决。这4种场景分别如下：

第一，频率与时间接近性之间的矛盾。人类是习惯性的动物，我们总是能把最经常做的事情记得更清楚。这一点在校园学习、体育运动甚至家庭日常活动方面均有体现，比如，如果我们回到家之后，总是习惯性地将钥匙放在某个位置，我们就总是会去那里找钥匙。频率应用的最高境界，就是达到下意识完成某些事情的水平，比如换挡和开车，这种情况下我们不会去思考自己在干什么，因为在我们决定要做这件事的时候，执行指令就会无意识地开始运行。你可以认为我们在不久之前所做的事情，一定会先浮现在我们的脑海中，但其实并不一定需要这样。回到前文放钥匙的例子，我们有多少次找不到钥匙（哪怕只是暂时找不到），是因为没有把它放在我们通常会放的地方。

第二，事情本身与其所发生时间之间的矛盾。比起事情发生的时间，所发生的事情本身总会令我们印象深刻。理想的状态是，我们能够同时记住这两个要素，这样我们就可以通过这两种信息索引，在脑海中搜寻所需要回忆起的事情。但实际上，除非是一些非常特殊的情况，我们往往无法同时兼顾二者。回想一下校园时代或是度假期间的事情，我肯定你能记得很清楚。若是再试着给它加上一个日期呢？可能就没有那么容易了，大部分情况下你都没有办法想起事情发生的具体时间。如果你有孩子，你会记得关于他们的，数不胜数的小故事和小时光，但是如果问你他们是哪一年年出生的，你大概率就需要停下来思考一下了。我们都已经知道，环境能够帮助我们记忆往事，很有可能即使你的大脑想不出某件事情发生的具体时间，但你却能将这件事与另一个时间点（环境）关联起来："这件事应该是在 2000 年年初，因为那时候我们已经搬家了"，或者"就在西班牙赢得世界杯冠军之前不久"。

第三，记录下的内容与重构的内容之间的矛盾。这类矛盾实际上并非如此，正如我们前文已经多次提到的，我们的大脑并不是像电脑硬盘那样"保存"记忆，因此，只要我们脑海中浮现出一组记忆，那就是在重构。当我们通过感官感知到现实时，就会在大脑中进行搭建，然后当我们展开回忆时，就是在大脑中进行重新搭建。这就是为什么每次我们在聊同一件事的时候，所采用的叙述方式都不太相同。我们总是会无意识地引入一些细微的变化，来改变我们的叙述。

我们对所经历过的事情，哪怕是那些我们觉得已经留下了不可磨灭印记的，最为惨痛的经历（比如发生在纽约的"911"恐怖袭击），都会存在记忆偏差。随着时间的推移，当人们回忆当时自己在哪里、在做什么时，人们的叙述会发生变化，甚至会以不同于实际情况的形式，讲述所发生的事情。

与此同时，时任纽约市最高精神卫生部门主管的路易斯·罗哈斯·马科斯（Luis Rojas Marcos）坚持认为，这种记性不好的情况，也可以看作一种忘怀的能力，是能够帮助人们获得快乐的良方，正如那句脍炙人口的俗语："幸福只需要一个健康的身体，和一个健忘的头脑"，而这方面具体的内容我们后文再聊。

第四，我们所学会的东西，与学会这些东西的地方之间的矛盾。尽管我们身上有各种缺点，但我们记住事情本身的能力，远比记住自己是怎么获取这些信息的能力要强。事实上，这一切都合乎逻辑。回到我们永远不能忽视的，物种进化的问题上，我是在哪个地方学到"哪里有芦苇，哪里就有水道"的这个知识（即使现在看起来是干涸的），与记住这件事意味着什么，并无关联。

大脑对于我们的生存起着非常大的作用，而它首先应当提供给我们的是有效的信息，而我们是从哪里获取的这些信息，往往就显得没那么重要了。比如在这里所讨论的话题中，我们总是能够轻易地说出一些相近的经验，而我敢保证，当你在与人争论时，肯定用过一些你当时认为理所当然成立，但其实自己无法确认出处的数据（只要是能够支持你的立场）。而有的时候，你甚至可能会采用对方提供给你的论据来驳斥对方。所以，如果心存疑问，承认自己其实不太记得是在哪里"学到"这些信息的，并没有什么大不了。

我们只相信我们愿意相信的东西

这个标题并非在玩文字游戏，而是一个明晃晃的事实，只是多了一丝令人担忧的内容。"我们愿意"这个词组所表达的，并不意味着一种理性的行为，或是那种根据在手术台上开膛破肚后所呈现的事实而冷静采取的行为，而是一种我们在自己没有意识到的情况下，已经预先做出的决定。在前文中，我们说到过利贝特关于理性和自愿决定的，大脑无意识活动的实验。我们的大脑在我们自己得知它将要做的事情之前，就已经开始谋划了。对于这些事情，不管我们自己相信与否，它都会发生，因为大脑在活动中确实存在一个我们尚未逾越，且并没有意识到的门槛，它让我们在意识到自己将要相信的东西之前，就已经决定了我们自身的立场。而由于我们的信念与我们能从自己身上感知到的幸福有很大关系，接下来我们将列出几个能够对此产生作用的调节因素。

站在这本书的高度上而言，我们都是主观且带着极为特殊的有色眼镜的人（每个人基本都有，除了有些特殊人群），但这并不能说明什么，有意思的是，事实上这项特质使我们极易被欺骗，并且会将发生在我们身边的事情，解读为注定会发生在我们身上的事。我们大家可能都有过这种想法：如果我在去学校的路上遇到了两辆黄色的车，那我这次考试一定能通过；或者是，如果他房间的窗户开着，就表示他正在想我。当然，这两种情况都有可能成真，但实际情况如何，我们到底能不能通过考试，对方是不是真的爱我们，与这些情况并没有任何明确或直接的关系。除非打开窗户是这对恋人约定的暗号。还有一个典型的案例，占星术或者凌晨时分的深夜通灵节目。进行这方面写作或是讨论的人，其实并不知道读到或听到这些内容的人会是谁，对那些人也完全不了解，但是读者或听众却可能认为，这一连串的怪力乱神简直就是为自己量身定制的。我相信怀疑论者绝不会沾染愚昧，而对于这种愚昧，已经得到证明的是，如果我们在这些荒诞而空洞的话语中，加入一些积极正面的东西，它们的有效性就会得到提高，因为就像我们在上一点说过的一样，我们所有人对自己的评价都很高——如果不是，那可能也是哪里出问题了吧。

我们的信念会受到很多与自身性格相关的因素的影响和限制，但同时也与我们的精神状态、欲望和情绪相关。这里我们不讨论理性层面的内容，能够支撑的数据和理由，首先来源于（或是想象其来源于）我们的信念，然后才是人体最先进的系统，即我们大脑中最发达的部分。人类中枢神经系统的这种工作形式和顺序，使我们很容易成为被操纵摆布、被欺骗以及被歪曲的对象，而且如果我们思虑不足并且习惯于诉诸我们最基本的情绪，这些摆布、欺骗和歪曲很容易就会付诸实施。不幸的是，人类历史总是充斥着集体异化的时刻，由此产生的受害者数以百万计。盖瑞·马库斯提到了 4 种效应，它们会在我们的脑海里产生扭曲，或是导致我们无法理性分析眼前发生的，以及脑海中所浮现的事情。这样描述可能并不算特别准确，因为我们已经知道，理性始终出现得更晚一些，但这能够解释我们为什么会在无意识的情况下，选择只相信某些事情。

一是光环效应。这是人类身上存在的一种普遍特征。比起那些我们认为长相丑陋的人，我们更愿意相信那些长得更帅气的人，而在相同的情况下，凭借相同的信息，我们总是倾向于站在我们认为外表更具有吸引力的人一边。举一个经常被提及且容易记住的例子：我们对一组志愿者做过一个实验，我们分别向志愿者们展示两个孩子的照片，其中的一个比另一个看起来更可爱些（每组只看到一个孩子的照片），然后请他们解释为什么会发生一个孩子向另一个孩子投掷藏着石块的雪球这种应当受到谴责的事情。结果，看起来没那么可爱的孩子总是被认为是捣蛋的那一个，而对于另外那个更可爱的孩子，则总有人会为他找借口：他那天可能遇到了不开心的事吧。

二是由"聚焦"产生的效应。我们人体中共有 1 000 亿个神经元（这是最经常使用的数据），和一个多任务的大脑，能够同时完成多项且多样化的事情，如果我们算上类似心跳和呼吸之类的自主活动，那么可以说我们的人体能够同时完成多项任务。然而实际上，我们并没有那么多能够意识到的能力。我们都听过这样的话："现在你不要跟我说话，我在读书（或者我在数数、拼拼图、开罐头）。"我们将自己的精力集中到某一件事情上，这会让我们在其他方面变得笨拙。这种情况不仅经常出现在我们的日常生活中，甚至会影响到我们的信仰体系。

任何事物，在我们被问到之前，都不会感到它是如此重要。如果有人问："你认为家庭对你有多重要？"这时候我们不会觉得有任何事情比家庭更重要，并且我敢肯定你的答案不会（也不必）与你的实际行为相关，而如果没有人再次问起这个问题，你甚至都不会想到或是把二者联系起来。因此，在良好的调查问卷中，人们总是设置陷阱问题，以此对答案进行去伪存真，了解哪些是人们与实际相符的想法，哪些只是人们一时的想法。在电视圈中经常提到的经典矛盾，就是如果所有宣称看过第 2 频道的纪录片的人，确实真的看过，那么这个频道应该是收视率冠军才对。而当我们接受问询时，就会发现各种因素的顺序确实会改变回答的结果。举个例子，我们向一组人提出两个问题：你最近一个月约会过几次？以及，你是否感到幸福？当我们首先提出关于幸福的问题时，二者的答案毫无关联（所有人都是这样，哪怕是他们中最极端的部分，约会次数最少的会说自己感觉幸福，而约会次数最多的人，也会说自己不幸福）。而如果我们换个顺序，首先提出关于约会数量的问题，那么两个答案之间的相互联系就很清晰了：通常进行约会数量越多的人，越会说自己幸福，反之亦然。为什么？因为受访者把思路集中到了约会这件事本身，这样就会把所有内容与之关联，包括他们自己的情绪感知。

三是"最新数据"效应，也被称为"锚定效应"。这种效应最引人注目，对于我们中间那些首次接触关于自身思考和信念相关话题的人来说，这也是最让人感到好奇的情况。这种情况源于我们的头脑进行思考的方式，在捕捉数据和外界刺激时，我们的大脑会尽可能多地收集信息，以便能够基于这些数据和刺激构建现实。如果有人问，你的身份证号码是否与非洲大陆上的国家数量相关呢？你的第一反应肯定是没有，但其实是有的。除非你致力于研究这方面问题，或是经常参加电视竞答类节目，了解相关数据，否则你会根据自己的"信念"给出一个大致的数字。然而，你给出的这个数据，可能与你最近听到或想到的最后一个数字有很大关系。因此，如果你的身份证号是以 32 为结尾，那么有极大的可能，你说出的数字会比以 11 结尾的人说的数字大。这个例子混合了许多著作中为了帮助理解所引用的例证，能够解释我们的大脑是自动（无意识地）"锚定"在了最新获取的数据上，并据此开始想象正确答案可能是什么。你可以跟你的朋友们重复这个测试，结果一定会让你惊讶。我在办公室里和 6 位志愿者做过这个实验，而且这个小型实验确实奏效了。我将他们 6 位分为 2 个小组，第一组首先提问的问题是，西班牙有多少个省份？（答案是 50 个），另一组首先提问的问题是，伊比利亚半岛有多少个国家？（答案是 3 个）。然后再向两组人同时提问：你认为非洲有多少个国家？被提问者都不知道确切的答案，这一点非常重要。而我在要求他们凭直觉估计一下后，第一组的回答是："40 个吧"，第二组的回答是："11 个？"为了让你有一个清晰的概念，事实上正确的答案是 54 个，但是首先被问到省份数量的那一组人，所给出的估计数字明显更高更接近。

所有这些情况都足够出人意料，尤其是该效应影响的两种形式，甚至于最后还获得了诺贝尔奖。在某些情况下，数据的作用是给出一个最小值，而在另一些情况下，则是设定一个心理限定，但是在大多数情况下，它的作用是为了帮助大脑找到令我们自己满意的答案。

因此，在市场营销的世界中，必须要了解如何利用这种冲动，使其为我们的策略服务。丹尼尔·卡尼曼（Daniel Kahneman）[①] 提出了一个例子，来解释人们在参观一场为了提高人们对自然环境问题的认识而举办的环保展览上，愿意捐多少钱。在没有任何数据作为"锚"时被问到这个问题，人们的答案在 64 美元左右；在给出 5 美元作为参考数额时，

---

① 著有畅销书《思考，快与慢》（*Think Fast and Slow*）。

他们答案平均为 20 美元；在给出夸张的 400 美元作为参考时，这个数字则上升到了 143 美元。

四是熟悉效应。人类群体中有一个无法避免的倾向：比起那些我们不熟悉的东西，我们总是认为熟悉的东西"更好"。专家们认为这是一种只认可自身的进化偏见（跟前面所说的那些怪癖一样）。在漫长的岁月中，作为一个受威胁而非威胁其他物种的物种，自然环境对我们充满敌意，而熟悉效应为我们提供了巨大的帮助。从人类进化史的角度看，我们进化出了这项强大的能力，并将这一标准扩展到了所有领域。熟悉感有利于发生接触，众所周知，接触就会产生欣赏。有很多足够引人注目的研究，证明了人类总是偏爱与自己名字开头相同的词语，或者如果让我们在一些难以辨认的汉字书法作品中进行选择，我们总是倾向于选择那些看过的。熟悉感还在创意、美学、政治等方面，对需要给出意见的领域产生影响。对于某一个创意，我们听到的次数越多，将其融入我们的信念系统的可能性就越大。同样地，除了在一些极端或是过度使用的情况下（我想不出来任何具体的例子），我们可以理解，在选举过程中，当权者总是比不知名的竞选者更有优势，因为他们让我们感觉"更熟悉"。而如果你就想在自己身边做一个免费实验，可以看看各家媒体公布的美貌排名，最貌美男性和女性的名单总是直接与其知名度相关（当我们放诸社会学层面，也就是相当于他们的"熟悉感"）。因此，一位演员或是一名主持人，在他最受欢迎时的排名总是高于其知名度下降的时候，哪怕是在其感觉自己发展越来越好的年度里。站在消费型社会的角度来看，这种水平的下降有时候会成为其瓶颈，或是新竞争者切入的时间点。面对这种我们所有人都偏向于选择自有的、保持不变的以及熟悉的事物的倾向，新的产品可能就需要运用一些市场营销技巧，从相反的极端来赢得其市场份额：推陈出新，打破陈规，推出一些我们从来没有体验过的新产品。这一点并不矛盾：我们所追求的是在一个多元化、异质且多样的社会中，有一个消费者"群体"（无论是哪些人）能够接纳这种创新产品，将其纳入自己的"熟悉圈"。

我们的两种思维方式

所以这些限制我们思维方式的因素，包括我们的信念，都源于一种我们已经隐约提到，并且在本章节中，将根据丹尼尔·卡尼曼的畅销书《思考，快与慢》略加细述的二元性。如果有人问，我们的思维方式是什么？我们可能给出任何一种答案。有的人会说深思熟虑型，有的人会说分析型，还有的人会说是冲动型；除了这些与我们的推理方式相关的类型以外，还有一些与我们的表达方式相关。所有的答案都可以说是正确的，但都不完整，因为我们只是在讨论我们思维方式的一部分，即理性的、有意识的那部分，却忽略了另外一部分，也就是做出最多决定的那部分。

因此，我们都有两种思维方式，或者说，我们的大脑有两套运行系统。一套是迅速、自动且基本无意识的（系统1），而另一套更为缓慢，可被称为深思熟虑型和判断型系统（系统2）。系统1与我们大脑中更为古老的部分相连接，包括小脑、基底神经节和杏仁核，而另一套系统则出现得更晚，位于前额叶皮层。前者的工作看起来似乎毫不费力，而后者却需要一定程度的专注度。

为了帮助我们理解，接下来我将摘录卡尼曼认为两套系统所各自承担的部分任务（以下部分内容摘自《思考，快与慢》）。

系统 1

这套"自动化"系统能够完成那些不需要或是只需要极少精力的思维任务。我们生来就有辨认物品，指引方向或是识别外部迹象的能力。但是我们也学会了将想法、概念和地点结合起来，而且在本书所提到的案例中，我们不能仅限于自己已经学会的东西。如果我问你："5 乘以 5 等于多少？"你的大脑已经反射性地出现了 25 这个数字，因为我们学会的就是这样，即使稍后你可以选择是否说出答案，甚至是否说出这个数字，但是这些都将取决于另一套系统了。具体的例子如下。

- 判断两个物体孰近孰远。
- 指出某个突然出现的声音来源于哪里。
- 补充完整"床与……（早餐）"这个短语。
- 看到恐怖画面后做出厌恶的表情。
- 判断某个声音是否有敌意。
- 回答 2 乘以 2 等于多少。

以及一些更为复杂，需要较高级别处理能力的任务，比如：

- 在空旷的街道上驾驶车辆。
- 理解简单语句或是阅读广告灯牌上的词语。
- 理解"畏首畏尾，追求完美"这句话其实说的是因循守旧的人。

系统 2

"深思熟虑型"系统需要我们有意识地将注意力集中在实施的任务上，该系统由我们自己"指挥"，并且在我们使用该系统时，自己能够清晰地感受到。而由于我们需要专心致志，如果出现中断就会让我们感到不安，无法继续刚刚在做的事。对此，卡尼曼在他的著作中是这样举例的：

- 专注地观看马戏团小丑的表演。

- 在一场嘈杂纷乱的会议中，集中精力听某一个声音。

- （在人群中）寻找一个白头发的女人。

- 尝试在脑海中回忆起当时在演奏的乐器。

- 以比自己正常速度快的步幅走路。

- 数某个特定的字母在一页书中出现的次数。

- 在一个狭小的位置停车。

- 比较两台洗衣机的价格。

- 填写纳税申报表。

- 证明某个复杂的理论是有效的。

这种思维方式要求一定程度的专注，而我们在集中注意力时本身并不会意识到，这时，对于其他出现在眼前的刺激或任务，我们就会变得"盲目"。

与此相关的另外一个例子是一个非常经典的案例，出自克里斯托弗·查布利斯（C. Chabris）和丹尼尔·西蒙斯（D. Simons）合著的《看不见的大猩猩》（*The invisible Gorilla*）。两位作者请来了两队人，一队穿白色球衣，另一队穿黑色，然后让同色球衣的队员相互传球。之后，他们让志愿者通过视频数白色球衣队员之间的传球数量，并且忽略另外一队。突然之间，令人困惑的事情发生了：一个戴着大猩猩面具的女孩出现在了人群中，并且做出了大猩猩的典型动作——拍打胸脯。在录像中，"大猩猩"总共出现了大约 9 秒，但是数以千计的志愿者没有能够看到"它"，因为他们的全部注意力都集中在不要漏掉任何一次传球上。而当实验结束后，他们被告知实际上视频中曾出现过某个动物时，那些没有看到大猩猩的人坚称那是不可能的。

当我们清醒时，两套系统都处于活跃状态，此时的工作状态是，我们称为"自动化"系统的系统 1 总是反应迅速，且给出回答所需的精力更少。而深思熟虑型的系统 2 则退居幕后，伺机而动，几乎处于"节能"模式，并且在一定程度上，监督着系统 1 的所有动作，然后在其出错，或是事情变得复杂时才发挥作用。总之，系统 2 拥有最终的话语权。然而实际上，有时候系统 2 启动得太晚了；它应该负责自我控制，但我们并不总是能游刃有余地进行自我控制。这两套系统可能，甚至经常发生冲突：其中一套为我们提供某种信息以及相应的回应，而另一套则可能给出完全相反的内容。或者可以说，我们大脑自动给出的回答，与我们的理智分析所得毫无关联。我们可以通过很多简单的小测试来证实这个观点。比如，用不同颜色的笔写下一串表达颜色的词语，但笔的颜色和词语所表达的颜色不同。例如，用红色笔写"黄色"，用绿色笔写"紫色"，以及用粉色笔写"蓝色"。之后读出这些词语代表的颜色，会发现这个过程比读含义与字体颜色相对应的词语要难得多。为什么？因为我们通过系统 1 所看到的是一个有颜色的斑点，而与此同时我们的系统 2 则解读出了与其所表现色彩不同的内容，而在两套系统对应时不会出现这种矛盾。对于类似的情况，我们还可以看看莫里茨·科内利斯·埃舍尔（Maurits Cornelis Escher）的版画作品，这些作品中的对称性会对我们产生很大的欺骗性，比如，那些同时在上行和下行，并没有通往什么地方的楼梯的画面，还有那些纠缠在一起，没办法看出是哪只手在画，哪只手在被画的手的图像。

我们虽然是怀疑论者，但同时也认为自己是理性的人，能够自主地启动和管理我们更为理性的思维方式。但是，对于那些认为我们在这方面能力有限的人，我们将明确提出两个大家共有的特征——"证实偏见"和"动机性推理"（盖瑞·马库斯）。而无可辩驳的是，这两个特征确实限制了我们的思维方式。

尽管我们可以通过思考推断出这两个短语的含义，我还是想将它们拆分为几段话来解读。其实在《我们只相信我们愿意相信的东西》一节中，我们就已经隐约提到过证实偏见，但在这里我们将进一步进行讨论，因为我们不只是在讨论信念，而是在讨论我们是如何让自己的理性（系统 2）服务于我们自己决定相信的事物上的。由此，当任何人决定在某个问题上采用自己的理论或立场时，他就会更多地关注所有确定（或是认为可以确定）其立场的东西。这是人类始终坚持的大脑运作方式：首先我们通过直觉进行选择，然后再去寻找各种"理据"，而且我们总是能够找到。这种现象常见于电台或是电视辩论节目。在场所有人都采用这种所谓的"理据"来为自己的立场辩护，而它们总是建立在一个我们所听到或是看到的内容不尽相同的事实基础上。不管是正方还是反方都不会说出类似于这样的话"我就是更喜欢这个，仅此而已"，或是"我就是更喜欢只看问题的一面"。两个立场即使完全相对，彼此也能各自找到支持的理由，要么足够坚实，要么不那么坚实。但是只有一方符合点评者（或主持人）事先的想法。因此，那些支持某一立场的人会去找为他们的立场辩解的依据，而批判这种立场的一方则会提供驳斥对方的理由。这就是为什么我们的行为可以被预测，因为证实偏见并非专属于那些能够通过媒体发表意见的一方。所有人都在利用它，只是旁观者清，当局者迷而已。

美国人曾经围绕一款益智游戏展开了一次实验，成功地证明了我们的判断力受制于那些对于我们来说并非引人注意的因素，并且会因为我们在游戏台面上的位置不同而发生变化。研究人员告知一组志愿者，他们将被分为几个小组加入到游戏中，但是在此之前，会先让他们观看一轮游戏，而在这轮中，会有一位参赛者表现得特别突出，并且赢得游戏。然后，他们对一半的志愿者说，那位优秀的选手将加入他们所在的小组，并且也将这件事告诉另外一半的志愿者。游戏结束后，在不给他们过多时间考虑的情况下，让这些志愿者评价这位优秀的选手，结果如何呢？那些认为这位选手是自己队友的志愿者们肯定了他的才能，认为他非常优秀，令人印象深刻（他答对了所有问题）。反之，与他所在队伍对阵的志愿者们则总是弱化他的优点，并且认为对方的成就只是昙花一现的好运气而已（而不是因为他的能力和技巧）。"动机性推理"偏见的作用与证实偏见相反，如果我们更容易接受符合我们信念的内容，我们就会以更大的强度、能力和注意力来质疑那些与之不符的东西。上面提到的辩论节目中，大家受到这种效应的影响，最后都会更加偏爱与我们"自身"观点相同的内容，同时也向我们证明了，每一个参与者都能够对其他人的观点进行拆解、质疑、嘲讽，或是发现其中的矛盾之处。想象一下，我们自己作为在场的观众或听众，相信情况也是一样，因为我们的头脑其实十分警觉，对那些违背自己思维方式的理论总是表现出抵触情绪。盖瑞·马库斯曾引用过一个来源于实际生活，而非实验室研究成果的案例。吸食烟草会显著增加人们罹患肺癌的概率这一观点，于1964年第一次被公之于众，并且已经有各种数据和统计资料来证明这个结论，至今无人提出异议。这一报告对公众生活产生了巨大的影响，并且在当时得到了媒体铺天盖地的宣传报道。有两位科学家突发奇想做了一项随机实验，他们上街询问人们对这份报告的看法，而他们所得到的结论你肯定已经猜到了：吸烟者对该报告表现出的震惊程度低于非吸烟者，而且他们会给出各种各样的理由来淡化这一研究成果的重要性。比如，他们轻描淡写地说："我认识很多吸烟者，他们比不吸烟的人活得更长"，或者"吸烟总比酗酒好吧"。在有关部门出台一些关于吸烟的行政命令的时候，大家肯定都遇到过这种诡辩，比如是否应当要求养狗人捡拾狗粪，是否应当强制驾驶人员使用安全带，以及根据相关数据报告和酒店餐饮业的现状，是否应当建议禁止在酒吧和餐馆内吸烟。

对于我们自己，随着年龄的增长和自身角色的转变（从为人子女到为人父母），都轻易地跟从又放弃过一些理论，即使它们之间可能互相矛盾。当我们经过青春期，慢慢成熟后，那些曾经对于我们来说"合乎逻辑且正常"的东西（这种形容我们经常在家庭讨论中使用），就会变得不那么合乎逻辑和正常了，而那些在我们孩提时代被当作至高无上的真理捍卫的东西，对于现在的我们来说是如此荒谬，即使我们自己的孩子也用我们用过的理由来捍卫它。就像《狮子王》里面说过的，这便是生命的循环。

人类是乐观主义者还是悲观主义者

这个世界总是被分为两个对立的部分。我们在想象中划出了一道看不见的界限，将现实世界分为两个部分，然后将自身置于其中一边。我们是更喜欢看 3 台还是 5 台？更喜欢读《国家报》还是《世界报》？是皇家马德里球迷还是巴塞罗那球迷（排名不分先后）？更希望罗纳尔多还是梅西拿金球奖？更喜欢大卫·布斯塔曼特（David Bustamante）还是大卫·比斯巴尔（David Bisbal）[1]？如果是这样选择，一切都变得非常简单，非黑即白。我们甚至可以根据自己是更喜欢海滩还是山川进行分类。就连地球也是被赤道分为了两个半球。而我们并不是真的要在这里讨论地理学，而是那些在我们脑袋里闪过的东西，我们的观念、信仰，以及所确信的东西都会将事物一分为二。问大家一个简单的问题：你认为自己是乐观主义者还是悲观主义者？你觉得瓶子是半满还是半空？可能的答案会有两种：明确的"是""否"，以及"看情况"类。一般来说后者更为准确，但是，由于我们现在讨论的是偏见和限制思考的因素，我们想要了解的是，作为一个物种整体，人类是更倾向于乐观还是消极？将积极的态度应用在改善我们社会的能力发展上的观点是否有意义？

　　近年来，乐观主义及其优势总是能在公开场合的舆论战中占上风，哪怕是在怀疑论者之间。在论证这种显然是为了获得媒体关注而设计的，新近流行的保留研究项目中，肯塔基大学的一组研究人员获得了一份资料，那是来自美国各地，在 1930 年左右进入修道院的 180 名天主教修女的日记。我选择的是伊莱恩·福克斯（Elaine Fox）的版本[2]。据她介绍，在这些日记中，修女们讲述了自己的情感、期望，和她们在践行独身和祈祷天职时的精神状态，以及在自己日常生活中的感受。该项研究的作者们以在这些日记中寻找到的相关元素为依据，将修女们和她们的日记分为乐观主义派和悲观主义派。此后，他们对这些修女的生活进行了长达 60 余年的追踪（她们的寿命在 75~90 岁），用以研究乐观

---

① 两人均为西班牙著名流行音乐男歌手，歌迷众多。——译者注

② 《快乐的心灵》（*A Happy Mind*），第 37 页。

与长寿之间是否存在着某种关系。研究人员最终发现，在这180人中有76%活到了她们的期望寿命以上（这一点符合逻辑，因为无须了解太多细节我们也能想象，修道院的生活是健康的，没有过度消耗，作息时间规律，并且远离浮华诱惑和凡俗压力）。更重要的是，他们还发现了属于乐观主义派的修女们，平均比悲观消极的那些修女要长寿10年，而鉴于大家的生活条件和环境几乎一样，因此可以确定乐观与长寿之间是存在某种关联的。成功论证这一点的研究人员还有塔利·沙罗特，她在自己的书里对于自身立场毫无保留，其中包括她最著名的作品——《乐观的偏见》（*The Optimism Bias*），她对这一观点的认同，从这本书的副标题中可见一斑：为什么我们总是应该看到积极的一面。这样表述可能显得比较抽象，但如果你追过蒙提·派森（Monty Python），看过《万世魔星》（*Life of Brian*），一定会想到这部电影的片尾曲里唱到的歌词：对于生活，永远应当看到阳光的一面[1]。

如果你也是乐观主义者，你也会同意这个观点，但如果你认为自己是悲观主义者，可能就很难同意下面所说到的这些推论了（想想上一个章节的内容，我们总是更重视那些能够证明自己观点的内容，并且能够轻易地摒弃那些与我们观点相悖的部分）。沙罗特将人类身上先天性的乐观与一种只有我们才有的能力联系了起来："遨游"时间长河上下游的可能性，尤其是向下游前进，以及编写计划和制定策略。将自己置身于过去以及投射到未来的可能性是相通的。而根据在失去这种能力的

---

[1]　Monty Python（蒙提·派森），英国六人喜剧团体。1979年推出电影《万世魔星》，并演唱片尾主题曲"总是看到生活的光明面"（Always look on the bright side of life）。

人群身上所进行的实验性研究表明，它们属于同一种能力，且缺一不可。诚然，某些动物也能制订计划，比如把它们的卵埋起来，囤积食物或是进行迁徙，但这些决定的大部分因素都属于其基因对外界环境的反应，尽管目前有些研究有其他结论，例如，鸟类具有"学习"预测未来的能力，能够做出一些令我们惊讶的决定。但是我们无法对自己说出的每一句话进行明确区分，因为我们知道自己在说什么，而人类所具有的抽象认识和现实投射能力，使我们登上了进化金字塔的顶端。但根据福克斯所述，正是这种能力，可能终将导致人类的灭绝。为什么？因为当我们学着思考未来，并且向自己提问时，我们迟早会触及一些重要而敏感的话题：我们可以永生吗？我们的生命是否有尽头？而作为智慧生命，我们迟早也会得出这些问题的答案（或者是由我们的先辈给出，或者是当生命的法则作用到我们的亲人身上时，由我们自己亲身体会）：我们不能永生，我们的生命是有尽头的。这就意味着，在生命之旅的某个时刻，我们的大脑会发出通知，我们将迎来一切都结束的时刻。而基于这个无法避免的事实，福克斯认为，如果我们并不乐观，那么人类这个物种早已灭绝。如果推理能力是我们进化的工具，旨在帮助我们生存下去，那么明知生命会有终点，中间的过程只是"无用的激情"，我们的大脑为何还会继续工作下去呢？这难道不是对天赋、时间以及精力的白白浪费吗？答案是否定的。根据福克斯的观点，我们的大脑能够"忽略"这个事实，继续发展自身能力，过自己的生活，就好像死亡并不存在一样。我们的大脑既强大又机智，能够理解将要发生的事情，甚至聪明到能够让自己相信，这些事永远不会发生。用她的话来说，"如果不能以乐观者的形式看待未来，那么乐观主义就无法存在"，而如果没有这种偏见，一切都将不复存在，不管是文化、艺术、医学还是文学，更别提关于乐观主义的书籍了。

正如爱德华多·庞塞特所说，悲观主义可能被过分高估了，而这也就解释了为什么我们在面对一个自己认为复杂的决定时，或是面对不确定的未来时，常常会说出"理智的悲观主义，意志的乐观主义"[①]之类的话语。大脑的活动与两个参数相关：痛苦和快乐。我们总是在逃离痛苦，寻找快乐，但是鉴于我们凭借自己的抽象认识能力可以进行趋近无限的组合，不排除有人能够对二者进行混合，不管是以亲密且两相情愿的形式，还是以可能对他人造成伤害的、离经叛道的犯罪形式。

弗朗西斯科·莫拉（Francisco Mora）在其名为《我们的大脑是为幸福而设计的吗》的著作中，展示了那些站在福克斯观点的对立面、认为我们的大脑更愿意也更容易接受负面信息的观点，以及阐述了自身的生活体验是如何为我们带来幸福的。当然，这是一个非常草率和形式化的概括，大家最好还是亲自阅读莫拉的作品，包括这本书，因为他并没有否认在某些时刻获得"点滴"幸福的可能性，但是他也说道："……一项关于大脑工作情况的分析告诉我们，不快乐才是这个世界上所有生命的本质。"对于他来说，大脑所做的事，包括那些最原始的行为，都是为了帮助我们生存下去，通过这种双重标准，一方面让我们获得繁殖的乐趣，满足饥渴困苦时的需求；另一方面远离那些更为强大的、给我们带来威胁的动物，可能带来闪电劈死我们的风暴，或是可能使我们溺毙的河流。而幸福这一概念，可能是随着象征思维的出现而产生的，仅有大约 10 万年（这是最普遍能接受的时间），与人类整个进化过程相比，

[①]　Pessimism of the Intellect, Optimism of the Will，出自葛兰西的《狱中札记》。——译者注

这短暂的时间显得如此微不足道。为了避免留下其他疑问，下面我将引述莫拉的这本书中一段关于不可能存在永久幸福的，看起来并不那么乐观的叙述："……我坚持认为，大脑的功能性设计似乎并不允许它'感知永久的幸福'。也许只有消除或封锁大脑的所有感官信息，才能人为地提供一种非人类型的幸福，那就是完全的孤立和沉默。"

按照莫拉的说法，现实确实为我们提供了一些我们反复追寻的快乐时光，作为生存和学习的手段。这种感受与其说是满足的快感，不如说是期待这个过程带给我们的快乐。我们在想象自己穿上一件合身的外套或裙子时，要比我们真的把它们买到手来得快乐，而我们也总是能在走出家门之前，就开始感受到假期来临的快乐——这是一种我们与最发达的哺乳动物才有的感知模式。庞塞特经常提起，他的狗在看到他拿起项圈时最开心，因为这意味着他马上要带它出门散步了，此时的狗远比之后真的踏上户外人行道时兴奋。这种与快乐时光之间的奇特关系，超越了这些时刻真正发生时带来的快乐，并且当我们回忆起这些时刻，再次感受到的快乐甚至比当时更为强烈。不信的话，你可以翻翻自己最近一次度假的照片，或是看看你的主队战胜宿敌那天的新闻报道。然而，痛苦却来得更加迫切且让人觉得不可理喻。它表现得更加直接，发出紧急信号告诉你应该躲开。它通过交感神经系统激起即时反应，因此，负面和痛苦的经历对我们的冲击更大，在我们脑海中留下的印迹比积极正面的经历更深刻。莫拉言之凿凿："快乐可以（并且希望）被重复；但是痛苦必须被铭记，以避免被重复。"这种预防性偏见的目的是确保我们可以存活下来，能够在这里讨论大脑的悲观主义，这一点与以下观点相符：人类的构造是为了看到更多（更大）的负面信息，而不是正面信息。关于幸福的经典定义之一，也是最经常被提及的定义是，幸福就是

"不再恐惧",而对于很多事物,我们的大脑恰恰总是以恐惧的心理暗示警告我们,以帮助我们规避所有危险。早在公元前 4 世纪的古希腊,伊壁鸠鲁(Epicuro)的弟子们就曾说过,要想享受生活,就必须避开这 4 种恐惧:对神明的恐惧、对死亡的恐惧、对痛苦的恐惧和对失败的恐惧。如我们所见,要么就是跟古希腊人相比,我们的思想并没有取得任何进步,要么就是他们早已想明白了所有事。

　　关于悲观主义的讨论,也发生在一大批美国作家中间,但他们都是从乐观者的角度出发的。他们认为,人类大脑的程序设定是为了专注于负面的信息,以使其能够更高效地从负面经历中吸取教训。这一点也许可以解释一种在更为发达的社会中尤为常见的,人类的消极倾向,这种倾向容易使我们感到悲伤、压力、烦躁,或是单纯地担忧未来的问题,总感觉要发生什么不好的事。然而,一些相关领域的专家,比如里克·汉森(Rick Hanson),坚持认为人类有能力克服这种倾向,并且构建自身的"精神线路",帮助自己以另一种方式看待事物。汉森认为,如果我们谈论自己身上所发生的好事情,并将此作为一项任务,将其固定在我们的脑海中,则我们可以帮助自己以积极的心态看待事物,因为大脑是可以进行塑造和优化的;即使生来就是悲观主义者,我们仍然可以这样重塑我们的大脑。事实上,作为实践派的怀疑论者,即便对于自身所处的境况,也会心存疑虑,不会百分之百地相信,所以我想说的是,除非是在病态情况下,否则人类都具有平衡两种倾向的砝码。另外,一位名叫菲利普·加比列特(Philippe Gabilliet),来自欧洲高等商学院(ESCP Europe)的法国教授认为,大多数人都是"乐观的悲观主义者",而且他认为"乐观的悲观主义者"其实有 4 种基础类型,而非 2 种,最极端的 2 种是认为目标很容易实现,过程也很简单的一类,以及认为目标完全不可能实现，而且过程会充满艰难险阻的一类。而在中间地带，则是认为目标可以实现，但是可能会比较艰难的一类，以及认为目标几乎不可能实现，但是勇于尝试的一类。举个容易理解的例子，假如一个人很喜欢唱歌，并且知道有"好声音"这个节目，那么他可能有4种表现：第一种，积极参加，并且认为自己一定会晋级；第二种，积极参加，相信自己可以晋级，但是可能需要经历残酷的淘汰赛；第三种会去参加节目（可能是在父母的推动下），觉得自己不会晋级，但是对有机会从内部了解电视节目的制作过程感到有趣；第四种，极其不情愿地报名参加，知道自己会在第一轮就被淘汰，并且十分痛苦。最有可能发生的是，我们大家都会出现这4种情况，而具体会怎么表现，取决于当时讨论的话题、身处的时机，以及环绕和鼓动我们的环境。说了这么多，我们最后还是得回到原点：我到底是乐观主义者还是悲观主义者？最保险的做法是在不同情况下，先问问自己，再问问当时在你身边的人，因为我不认为人类在这方面有绝对所属的分类，我们在面对治愈某种疾病的可能性时可以保持乐观，也可能在被问到自己的职业生涯规划时陷入悲观。另外，决定一个人属于乐观主义者还是悲观主义者的依据是什么？是我们过去的表现还是未来的预期？与自身规划是否有关？是否与一起工作的同事有关？还是与全人类有关？

　　我们其实有很多方法可以弄清楚这一点，但是我认为伯特兰·罗素（Bertrand Russell）建议的方法就很好，他在《幸福之路》（*The Conquest of Happiness*）中聊到，激情对于生活就像食欲对于食物一样给了我们一些线索，他说："人生苦短，我们不可能对所有东西都感兴趣，但是能够对那些可以让我们打发时间的东西感兴趣，就是极好的。"马丁·塞利格曼（Martin Seligman）是积极心理学的奠基人，他设计了一组略显冗长，但初衷是进行量化的测试题，这组测试一共有 48 个问题，表面上它们无甚关联，但是受试者必须从两个答案中选择最接近事实的一项，即使并非完全符合事实。这组题目可以在他的《活出最乐观的自己》（*Learned Optimism*）一书中找到，非常有趣。

芭芭拉·艾伦瑞克（Barbara Ehrenreich）在她的畅销书《失控的正向思考》（*Bright-Sided: How Positive Thinking is Undermining America*）中，写到了一个夺人眼球的章节——"微笑面对人生，否则死路一条：癌症的光明面"（Smile or Die: The Bright Side of Cancer）。作者本人并不反对这种乐观应对现实的方式，她反对的是过度乐观，所以，为了能够对事物给出一个平衡但稍显乐观的观点，我们在这里也引述了以下观点。芭芭拉在书里主要讨论的是，正如在西方国家时常发生的那样，我们现在的问题是过度追求积极乐观，在任何情况和时刻都坚定维护乐观主义，并且认为无论如何，我们的情绪都具有舒缓的力量。

她的思考开始于一次乳房 X 光检查，诊断结果显示她患上了乳腺癌，从那时起，伴随着疾病的痛苦，治疗的艰难以及对原本生活的巨大影响，芭芭拉了解到了某个病友团体的精神，而据她所说，她对此产生了巨大的抗拒。事实上她抗拒的不是这些团队本身，而是他们过度吹捧的乐观精神。她认为，当今社会把极端的积极当作一种治疗方式，把微笑当作永恒的勋章，而且无论发生什么事，都要求那些正在经受疾病困苦的人们保持微笑。芭芭拉不仅谈到了自己患癌的经历，还以此为例，延伸到了整个社会，讲述了社会是如何要求那些失去工作的人们，甚至那些在战争中受伤导致截肢的人们，要"微笑着面对"。第二个她主要的批判角度是，走向极端的积极性或是乐观主义价值观，可能意味着权力机构对人民福祉的不负责任，她通过这一观点对过度提倡乐观主义的行为发出了警告。而正如所有走向极端的文字一样，这本书从另一个方向掉进了它所批判的某些问题中，因为在天平的另一端，这种情况可能最终会显得我们作为个体没有对自己的生活负责，而保持积极和热情是一件愚蠢的事。但是，在当前这个确实存在积极心理学思潮的现实中（我认为确实如此），怀疑论者们通过阅读（和推荐）这样一本与主流观点相悖的书，来对这个天平进行重新定位并不为过。

最后，我们还是得回到这一章节开头提到的问题，因为（我认为）到目前为止，我们所读到的内容都非常正确，那么对我们来说，做什么样的选择才是最好的呢？怀疑论者可能想到的第一个答案是"取决于很多因素"，为了避免对不确定性的滥用，这里我们将采用美国心理学会年会上提出的建议：理想的状态不是极端，而是找到中间点，这才是被称为现实主义乐观派的性格特点所在，即既能保持将杯子视为半满状态的乐天和激情，又能触及现实层面，避免自己陷入过分乐观的错误中。

要怎么才能知道自己是否属于这一派呢？与前文一样，首先你得问问自己，然后再去问问在你生活的不同环境中，那些最了解你的人。也可以比照一下自己是否具有心理学家们所认为的，这类人身上容易识别的一些品质：高于平均水平的自控能力，以及良好的社交关系管理技巧。与理想派的乐观主义者相比，他们唯一要付出的代价是更高的焦虑水平，因为他们知道存在失败的可能性，并且不会倾向于将错误归咎于环境等外界因素，哪怕是大气压力，来掩盖自己的责任。现在，由你来给自己打打分吧，要知道这时候作弊没有任何意义，因为首先这种行为并不光彩，其次，如果你真的是"现实主义者"，你也不屑于作弊。

El mono
feliz

既然说到幸福，要多幸福才能算"达标"

*Descubre cómo la ciencia
explica nuestras emociones*

我们已经来到了第五章，现在我们将以更直接的方式来讨论关于幸福的话题。幸福是一个很难描述的概念，但是，就如马努艾尔·维森特（Manuel Vincent）[1]所说，这是一种"当你在海滨大道上骑着单车去找你爱的人时，很容易感受到的东西"（关于爱人的那部分是我自行加上的，意义在于让这一幕的画面更为完整）。

幸福的基因

前文我们已经进行了关于遗传和后天的讨论，包括我们的基因里本来就带有的东西，以及我们通过所处环境的条件，在身体和情感上所获得的东西。我们在那个部分所表达的立场是对二者影响的平衡，保持合理的怀疑和衡量，并且这一结论是通过 G×E 的形式得出的（这里指的

---

① 西班牙著名作家、编剧，来自瓦伦西亚。

是，我们自身所携带的遗传基础必然会对自身产生影响，但是这种表现也或多或少取决于我们所处的环境，这两者并非相互独立，而是密切相关）。然而，在翻阅文献资料时，我在《世界报》的周刊版上发现了一篇名为《幸福可以遗传吗》的文章，其中提到了我们在前文中讨论过的双胞胎案例之一，并且还加入了其他新的案例。但是，特别引起我注意的是文章所采用的研究方式，以及一项新的数据和观点：某个基因的存在，可能会影响我们感受幸福的可能性。这个基因就是"5-HTTLPR"，而支持这一观点的研究是由伦敦大学专家——扬 - 伊曼纽尔·德内韦（Jan-Emmanuel de Neve）主导并联合多家权威研究机构进行的，而通过媒体进行发表使这些研究进展获得了更高的可信度和确定性。

德内韦的研究呼应了那篇周刊文章的作者，路易斯·米格尔·阿里萨（Luis Miguel Ariza），他认为在我们所感知到的幸福中，有30%可以通过从父母那里继承的遗传"彩蛋"来解释。而为了方便读者们理解，我们可以把它解释为一个受生物学影响的幸福阈值，每当我们感受到"情绪高涨"之后，都会重新回到这个阈值。其实我并不太同意这种解释，因为虽然我们的确有一个情绪的起伏过程，但其基础是经由我们的经历，随着时间的积累而逐渐形成的，而且最重要的是，如何度过这些时光是影响我们感受的最重要因素。言归正传，我们继续来说基因，就像我们常常在那些标题醒目的文章中所看到的，当你想深入了解一下时，就会发现它多半就是个"标题党"（事实上，在为这一章节取名时，我也采用了这一策略来试图引起读者的注意）。

"5-HTTLPR"基因的作用在于，通过其促进血清素发挥作用的功能，来促进人类神经元之间的交流，血清素是与积极情绪相关的神经递质中的一种。实际发生的情况远比"标题党"所说的理论复杂（这就是所谓的科学），而研究人员声称已经能够区分这种血清素的两种不同的变体，一种被称为"长变体"，另一种为"短变体"。第一种的作用是"好的"，能够使其携带者获得更多幸福，而那些携带后者的人们（包括我们所有人），往往会表现出更低的满意度。德内韦虽然已经足够谨慎，但也毫不犹豫地确认："……这个基因在幸福方面确实具有一定作用，并且可能是第一个被发现有这种作用的"，然而他似乎忘记补充的是，我们并不清楚还有多少其他的基因与此相关，以及它们以何种方式结合，才能在这个马努艾尔·维森特描述得如此简单的复杂问题上产生影响。

在讨论幸福这件事上，我认为很难说出每种影响因素的具体占比，因为要想确定这一点，我们首先必须明白什么是 100% 的幸福，或者在什么情况下可以获得 100% 的幸福，我认为这一点并不简单。然而，为了继续提供总体观点，以便大家从中各自得出自己的结论，来自明尼苏达大学的专家认为我们的"标准"幸福百分比在 50%~80%。对此我有两个想法：第一，我认为这个数据范围似乎是为了保持所谓的"科学"，而设置得太过宽泛；第二，它让我想起了我们在前文讨论的关于思维偏见的内容，我们总是偏向确认自己事先就有的想法。如果他们就是那些发现双胞胎之间惊人巧合的科研团队，那么他们所计算出的遗传学所占比重，肯定要比那些没有这方面研究经验的团队高。之所以将双胞胎作为研究对象，是因为这样可以帮助我们试着了解基因在人类的情绪中真正所占的比重，但是这样似乎很难得出结论。另一位来自荷兰的女研究员，在对她 12 000 名同胞进行广泛的研究之后（样本中包括双胞胎和非双胞胎），得到的估算结果是遗传因素大约占 40%，而 40% 这个数字处于我们前面所提到的数据范围（50%~80%）以下。

索尼娅·柳博米尔斯基（Sonja Lyubomirsky），是研究积极情绪的国际权威专家，她认为幸福是由以下三种因素共同作用得到的结果：初始状态（遗传）、环境因素以及我们的审慎态度（这里指的是我们在日常生活中思维方式上的表现）。这三种因素各自所占的相对比重分别为50%、10%和40%，这就意味着，我们自己的行为只占40%，其他影响部分要么来自基因，要么来自外界所发生的事，这都是我们无法干预的。

事实上，索尼娅是少数几个我接触过本人的国际名人，我们第一次见面是在由可口可乐研究院组织召开的幸福大会上，第二次是在我们与她合作开展的关于衡量积极行动对劳动环境影响的实验中。此外，她也是把积极情绪悖论解释和分析得最好的人之一，阅读她的作品——《幸福的神话》（*The Myth of Happiness*），是一件很有乐趣的事，但是她提出的幸福是由三因素共同影响的观点，让我感到有些困惑：因为在此观点中，这三种因素是三个相互独立的层面，而非相互关联的元素。我在刊物《心理学家的角色》①中，找到了一篇由马里诺·佩雷斯-阿尔瓦雷斯（Marino Pérez-Álvarez）发表的有趣文章——《积极心理学：可爱的魔法》，他在文中不仅对索尼娅的观点进行了嘲讽，并且对整个积极心理学都进行了讽刺，将其描述为"可爱的魔法"。他承认索尼娅那些"关于幸福、安康和乐观的明星主题，取得了巨大的成功，并且吸引力十足"，但也批评其"缺乏能够使其成立的科学和哲学基础"。最后，马里诺得出结论，"所有试图增加幸福感和减少抑郁的处方、公式等，看起来都与安慰剂没什么区别"。我引述这一批评，是因为我认为唯一有效

---

① 《心理学家的角色》是西班牙的一份科学专业期刊。——编者注

的结论，是每个读者根据自己的体会得出的结论，与是谁分享的无关。回到索尼娅的观点，马里诺认为她的观点完全没有科学效力，一是他认为计算总和的形式并不科学，二是他觉得这种比例划分形式不科学，此外，他还提出一个非常有趣的问题：这个 100% 是怎么计算出来的？我们什么时候会感到幸福、悲伤等情绪呢？首先我们需要明确的是，我们不应该将影响力的百分比或份额数神圣化，而是应当理解我们情绪的最终结果是一种复杂互动的结果，不仅包括我们生来是怎样的人（遗传），也包括我们希望自己成为什么样的人（教育、意志）。

出租车司机的大脑与公交车司机的大脑

前文我们已经讨论过将幸福的最终结果归纳为百分比是一件多么复杂的事，并且还尚未加入另一项基本因素：我们并不是一成不变的，不能被视为一个整体，并且我们各自生活的环境也不一样。对于我们来说，人的一生里，有一些好的日子，也有一些坏的日子，但是除此之外，也有可能度过在家非常开心，但是在上班时，或是在去上班的路上非常糟糕的一天，这种情况会导致我们的情绪状态一直在发生变化。截至目前，对我来说这是比较容易理解的，因为所有这些随着时间和环境变化的情绪，我们每个人都体验过，而且当我们在睡前对这一天进行总结时，认为这一天是否快乐可能取决于这些情况对于我们的影响的平均值（要知道的是，事情发生的时间越靠后，对我们产生影响的比重越大，就好像在遇到相同事情的情况下，比起一开始很开心，最后很糟糕的一天，我们会认为在一开始感觉很糟糕，但最后感觉很开心的一天是更幸福的）。这一点可以理解为，如果不是出现什么特别的事（不管是积极的还是消极的），我们不会改变对其他事物的观感。

然而，上述整段内容都建立在一个已经被科学证伪的前提下。在所有上述描写的情景下，被认为发生改变的都是条件、环境，而非我们自己和我们的大脑。事实上，除了周围环境在发生变化，我们的大脑也在根据我们对自己能力的"使用"情况，而发生进化、适应、修改或"重塑"。这个论点虽然现在已经获得普遍接受，但其实并不具备科学研究的依据。追溯到 2000 年，埃莉诺·马奎尔当时发布了可能是在神经科学著作中，被引用得最多的最新研究：关于伦敦的出租车司机。

其实科学研究有时候也跟那些奇闻一样，被讲述和流传开时难免存在出入，最后都演变成了都市"传说"，要弄清真相，我们还是得找到源头。2000 年，上述研究的原始标题为《出租车司机海马体内与导航相关的结构性变化》，可以在互联网上查到；而到了 2006 年，又出现了题为《伦敦出租车司机和公交车司机：结构性核磁共振以及神经心理学分析》的相关研究。接下来我们来解读一下这些研究。在纽约做出租车司机很简单，只需要拥有一辆小黄车，会玩儿战舰棋就行。从第十六大道把乘客送到第五大道怎么走，只需要看司机的习惯，而要是遇到问题找不到路，都不需要问路，只需要会数数就行。与此情况相反，在伦敦就完全不一样了，在这个迷宫一般的城市中，各种大街小巷星罗棋布。另外，有人说马德里也是这样，只是比伦敦稍小一些，而在西班牙（乃至欧洲大陆的其他国家），从拿破仑时期开始，由于他对建立右侧通行的社会秩序的狂热，就一直保持着靠右通行的传统。马奎尔希望解决的疑问是，某项特定的活动是否会改变我们的大脑。她已知的是确实存在一些解剖学差异，例如，音乐家和非音乐家的大脑确实存在此类差异，但不清楚这种差异只是艺术家获得幸福的原因，还是由于演奏某种乐器的熏陶。因此，她选择了伦敦的出租车司机。海马体是人类大脑中，管理短时记忆和空间记忆的重要区域；而此项研究旨在观察海马体区域的大小，与这些"的哥"们驾驶年限之间是否存在某种关系。为了考取出租车驾驶执照，他们至少需要（大概）2 年的学习，这段时间内他们需要学习的一门课程叫作"伦敦街道知识"，内容囊括了伦敦城中的 25 000 条街道分布，以及各类名胜古迹的位置信息。而马奎尔所希望探究的是，司机长期寻找各种路径的行为，是否会引起其大脑中海马体区域的变化。最终证明不仅确实会发生变化，而且从业时间越长，改变就越大。这项实验设计缜密，过程严谨，所选择的实验对象均为伦敦的男性出租车司机，右利手，健康状况良好。通过基于"大脑整体形态测量学"的核磁共振影像证明，我们的大脑会根据自己所从事的工作进行适应，就像庞塞特经常说的，我们具有可塑性。然而，一位好的科学家应当具有打破砂锅问到底的精神，马奎尔和她的团队也继续提出猜想：他们的海马体如此发达是否与空间记忆相关呢？还是仅仅因为他们比一般人开车的时间更长呢？于是他们开始了进一步的研究。几年后，他们对前期研究成果进行了重新整理，并且将这些出租车司机的大脑，与同样和方向盘打了一辈子交道的公交车司机的大脑进行了比较。结果显示：出租车司机们拥有更加发达的海马体，因为这个部位掌管的正是空间记忆，而公交车司机们则每天驾车行驶在固定的路线上，只对相关道路比较清楚，他们不需要思考到达目的地的各种备选方案。

这项新研究还发现，我们大脑获得适应性是需要付出代价的：虽然出租车司机的海马体后半部分确实比平均水平要大，但是与之相对的是，他们的海马体的前半部分变得更小了。而令人惊讶的还有，出租车司机们在习得新的视觉技能方面所表现出的能力，比其他"对手"要弱。如你所想,对于类似某些人群的海马体后半部分是否比其他人更大这种新闻,更像是街头趣闻的课题,没有人会因为有趣就将自己毕生精力投入到这样的相关研究中,一定是因为我们从结论中可以提取有效的知识,比如我们可以据此对自己的"构造"进行调整修改。在结束对于英国这些交通参与者的关注之前,我在写作时看到了另一则令人惊喜的新闻。它出自《国家报》:"全英国最好的司机是一位来自科斯拉达的年轻人",这篇报道的主人公名叫劳尔·坎波斯(Raúl Campos),6 年前,他为了提高自己的英语水平搬到了英国定居,此后他做过很多份工作,目前在爱丁堡做旅游巴士司机。他以热情友好的态度赢得了众多客户的喜爱,他们的感谢信如雪片般寄到了他的领导那里,表扬他工作称职,感谢他给予的"马德里式关怀",劳尔最终还获得了 2013 年的"英国巴士奖"(UK Bus Award)。一个小建议:比海马体的尺寸(不管是前半部还是后半部)更重要的是保持善意,它总是能比皱着眉头给我们提供更多的帮助。

有没有可能,我们刚才所说的一切只会发生在出租车司机身上?而如果可塑性只与驾驶相关呢?大概只有怀疑论者所写的书里才会出现这种疑问吧,但是别着急,科学会帮助我们解答。《科学》杂志在 2013 年夏天刊发了一项有西班牙科学家参与的研究,其描述的正是大脑的塑形过程。我们不需要理解其化学复杂性(涉及 DNA 的特定甲基化),因为一位杰出的西班牙科学家,海梅一世奖 [①] 得主——马内尔·埃斯特列尔(Manel Esteller),给出了很好的诠释。这篇研究涉及大脑以及改变其的可能性:"它不是一本完全开放读写的书,因为其中很多内容来自我们

———————

① 海梅一世奖是西班牙最著名的科学奖之一。——编者注

的父母……但是它可以被塑造，被写上很多东西。可以翻页，可以用斜体来写，可以进行删减，加上重音和标点符号。"

无法量化，如何计量

我们刚刚说过，大脑是可塑的，并且可以根据我们的行为方式来进行修改塑造。我们既是"缅因州的王子，新英格兰的国王"[①]，也是我们脑海中的那个人，由大脑告诉我们自己是谁，指挥我们应该做什么。这里明显存在矛盾，却是一个有意义，可以解释我们人类现状的矛盾。在这些乱七八糟的事情中，我们希望知道的是，我们的情绪是否可以被量化，进行统计，并计算出一个排名。这有可能实现吗？还是只是痴人说梦？类似幸福这种如此抽象的东西，是否真的可以进行计量呢？

答案是可以的，只是它的计量单位并不像"米"的定义那样明确。米原器被保存在巴黎，而对我们来说，一般被问到"米"是什么时，我们的回答都会是100厘米。但是，作为十进制公制计量体系的基础单位，在巴黎展出的那个米原器的准确长度，为"经过巴黎的子午线长度四分之一的千万分之一"，也就是说，这个数字与另一个可测量的尺度相关。在各种情绪中，我们永远找不到一个通用的有效单位——"幸福"，也永远不能说"我的幸福度是正130度"，因为我们无法确定一个像温度、密度或是噪声那样的单一参考。但是，我们都能理解和解释的是，在感

---

① 出自奥斯卡金像奖获奖影片《苹果酒屋法则》（又名《总有骄阳》）。片中，由迈克尔·凯恩（Michael Caine）饰演的拉齐医生对其所在孤儿院中的孩子们关怀备至，互道晚安时总是称他们为"缅因州的王子，新英格兰的国王"（Goodnight, you princes of Maine, you kings of New England）。

觉良好和不好之间，是存在明确的区别的，只是我们发现要说出和测量出有多好或多不好，是一件很复杂的事，虽然我们确实可以表达出自己感觉"如何"。在关于幸福的讨论中，如果我们使用是否患上感冒来打比方，虽然不能计量出我们的体温数据，但是要知道是否真的生病了还是很简单的。

科学的进步帮助积极心理学及其相关思潮实现了发展。在前面的篇幅中，我们已经从菲尼亚斯·盖奇的案例（脑袋被铁棒贯穿但幸免于难的铁路工人，而关于其脑部的研究帮助我们证明了前额叶皮层对情绪控制的重要性），聊到了伦敦出租车司机的案例（我们不需要在出现事故的情况下来测量他们的海马体大小，只需要进行一系列无害的核磁共振检查就能看出结果）。

我们既没有预算，也没有具体实施办法，来让全球 70 亿人都接受科学研究测试，看看我们是否真的感到了幸福，另外，由于这个结果是相对的，我们应当怎么来校准机器呢？谁又能成为对照组呢？更不用说这样的实地调查所需要的时间过于漫长，我们极有可能陷入无休止的死循环中。然而，我们还可以依赖一门基于问询的社会学和心理学研究方法，询问他人"您幸福吗？"，然后再对其给出的答案进行分析，得出有效结论，这并不是一件很难的事。事实上，所有的营销工作都是以市场调查为基础的。当我还在可口可乐公司工作时，经常会说这样的话："我们确实在宣传、促销和广告方面投入巨大，但是，如果这些工作都实现了其应当起到的作用和影响，那一定是因为我们也投入了同样甚至更大的精力去'倾听'（市场调研、消费者问卷调查、焦点小组讨论）。"换句话说，当民众向我们提问时，如果我们知道如何解读和分析，就能给出有效的答案；因此，如果我们被问到从科学的角度来说我们的感受和原因时，从我们的答案中可以看出我们对自身幸福感的评价，以及在这方面我们所考虑的各项因素及其优先顺序。但是我们所计量的幸福是陈述性的（被询问的个人或群体所给出的答案无法反映自身幸福感的"程度"，类似盖革计数器 [①] 或温度计仪表的数值），因此这并不能作为展开关于幸福的所有理论的基础。另外，这种情况的难点在于选择好的询问方式（确定主题，并选择具有代表性的群体），知道如何对所有答案进行解读和交叉对比，以便消除可能存在的矛盾，以及在最后，以正确的方式对所得数据进行推导，以求得到对某种理论的支持。这有点儿像是在进行选举问卷调查时所发生的情况，所有人都可以询问自己的朋友，他们会给谁投票，但是这并不意味着这些朋友会如实回答，或者所得到的答案是好是坏，是否可以推及所有国民。

　　衡量幸福的尺度有很多种。其中之一，可能也是最为人熟知的，就是由埃德·迪纳（Ed Diener）制定的方法。埃德开发了一套基于 5 个简单问题的方法 [②]，以及每个人都可以根据自身情况选择的，从"完全不同意"到"完全同意"的 7 个可能的答案。大家感兴趣的话可以上网搜索一下，这里就不赘述了，但是互联网信息繁杂，为了避免被混淆视听，这里特别要说的是这 5 个问题确实很简单，例如，第一个问题是，在大多数事情上，你的生活接近你的理想状态；第五个问题是，如果能重活一次，你几乎不会改变生活中的任何事。然而，问题虽然简单，但并不意味着回答它们也是件简单的事，因为这需要我们进行自我反省，并且应当保持一种并不总是让我们感觉舒适的真诚。诚然，如果我们非要

---

①　一种专门探测电离辐射强度的记数仪器。——编者注
②　这个方法在网上可以找到，而且是由作者本人将其免费公布在互联网上。

挑出其中的毛病，那就是我们给出的答案，可能与我们的记忆和当时的心情状态之间存在偏差，但是这并不影响其有效性，因为"生活满意度"这一概念，在面对偶然的人生起伏时，具有相当的稳定性。正如康普顿斯大学心理学教授，以及积极心理学在西班牙的积极推广者，卡梅洛·巴斯克斯（Carmelo Vázquez）所说，面对"我们是否对自己的生活满意"这个问题时，我们总是依据那些"稳定的因素"来回答，比如我们的性格、受教育程度、经济状况等，当然，卡梅洛也承认，环境因素，比如提问的顺序、精神状态等，也可能影响最后作答的结果。

从企业层面来说，成立可口可乐幸福研究院是一项具有开创性的举措，在此之前，没有任何企业进行过情绪领域的研究，此外，它的开创性还体现在该机构是在西班牙首先创立的（事实上，这个创意是由可口可乐集团西班牙分公司提出的），并且首次采用埃德·迪纳量表，对西班牙人进行了大型的幸福研究。这项创举网罗了一群在积极心理学的分析、解释和研究方面最权威的科学家，包括爱德华多·庞塞特、卡梅洛·巴斯克斯，贡萨洛·埃尔瓦斯（Gonzalo Hervás）、哈维尔·乌拉（Javier Urra）。他们以超高的分析和解读研究的能力，以及高超的沟通能力与一家在全球业务表现出色的公司进行合作，完成了这项创举。其首次和 5 年后再次进行的研究及其成果，已经发布在相关网站上，两次研究均由相同的专家团队进行，并且通过对研究结果进行交叉分析，我们获得了有趣的结论，而具体如何有趣我们稍后再说。

关于幸福的，振奋人心的最新研究成果来自西班牙。上面说到的卡梅洛·巴斯克斯教授，国际积极心理学协会的主席，康普顿斯大学心理学系权威，和同样来自这所大学的心理学教授，贡萨洛·埃尔瓦斯一道，与可口可乐幸福研究院合作开发出了一套新的指数。在经过 4 年的推广应用之后，这项新的指数已经在全球范围得到了验证，它不仅通过了多家期刊的科学委员会的审查，还由《健康与生活质量成果》进行了刊发，另外还多次在国际性的幸福研讨会上被推介。

更为方便的是，正如埃德·迪纳量表一样，你可以通过互联网了解相关的问题，然后根据自身情况进行回答就能得到你的评分。在那里我们列出了 20 个问题，而非之前的 5 个，与之相较更为全面。从逻辑上来说，这些问题涉及积极心理学的两个维度：记忆中的幸福（涉及前 10 个问题，需要根据整体感觉进行回答），以及眼下经历的幸福（涵盖后面的 10 个问题，需要对可能会影响前 10 个问题答案的，最近的经历进行分析）。上述两项变量相加，就能得出关于我们所声称自己感受到的幸福，最完整的形象。

对排名的热衷，不管排的是啥

出于某种我不太明白，但是应该是与生存相关的原因，排名先后这件事已经对人类形成了一种无法忽视的吸引力。而基于这种动力，一些有眼光的企业家开展了多项业务，比如吉尼斯世界纪录就是顺应人们事事争先的欲望而产生的，其中所列项目包括用耳朵拖动卡车，或是用米粒雕刻教堂。自从人们发现幸福是可以衡量的，就拉开了关于全世界最幸福的个人或是国家的竞争序幕。

根据通用沟通法则之一所教给我们的，人总是希望自己能在某个方面成为第一，而由于这一点只有在一种情况下才有可能（例如，如果一个人希望自己是全世界跑得最快的人，唯一的可能就是他是尤塞恩·博尔特），真实的情况是具体的概念会被细分（比如在上面的例子中，对于每一个国家，每一个区域，甚至是对于每一所学校，都有一个跑得最快的男性和一个跑得最快的女性），抑或是修改一下限制条件（室内跑道、室外跑道、奥运会、市区级赛事或是校级运动会），都会产生不同的结果。

这种环境条件与纪录的相互影响，也发生在与幸福相关的话题中，如果我从田径领域举出了一个例子（从选美比赛或土豆蛋饼领域举例也一样），那是为了避免让人觉得我是在质疑由此决出的排名结论。实际上，只要能解释得通，并且不存在彼此矛盾，这些结论都是成立的。如果某个国家在某个被定义的排名中是最幸福的国家，而在另一个排名中是最不幸福的，那么这两个排名中肯定有一个是错误的。《全球幸福指数报告》（*World Happiness Report*，WHR）也许是近年来获得颇多关注的一份报告，而且可以确定的是，为其背书的不仅有作者的权威性，还有包括联合国在内的多家机构的支持。这份报告出自联合国大会（简称联大）决议：2011 年 7 月，联大发起倡议，邀请所有国家对其人民的幸福度进行统计，并采用得出的指数来指导其公共政策制定。此后，联大还专门针对幸福这一话题，重新召开了一次大会。

不管怎样，从这些调查问卷或排名中，我们能很清楚地看到之前所讨论过的证实偏见，它使我们更倾向于轻易且快速地相信并确认与自己所思所想相关的信息。我们的标准就是那么简单：如果我认为调查结果是合理的，那么就是真实有效的。而如果第二位不是哥斯达黎加或是某个与之相似的国家（另一个民风热情开放的国家），而是尼日利亚，那么问题和怀疑就会出现在人们心里了（包括我）。于是，我们就会变得多疑。但是，如果这两个国家的排名均不靠前，那么也没关系，我们会认为是标准的多样。

那么，西班牙的情况如何呢

"西班牙正在转好"① 这句口号，在当时的社会提出后创造了巨大的财富，而今，随着时间的推移，其中的意识形态责任被剥离开来，使其成了一句非常典型的西班牙式俚语，形容情况不好不坏。有趣的是，我们对语言的使用会影响其本身的含义，甚至会歪曲其本义，就像上面这个例子。现在说出这句话的人，并不是想表达其原本的意思，甚至不是字面的意思，而是想说，"我们啊，就那样吧，活着呗"。在各种国际排名中，西班牙的表现不算差，我们是一个讨人喜欢的国家，而由于我们的文化和传统中具有各种独特的腔调，整个国家充斥着各种话题，并且极易受到调侃，当然这也造就了一种无法抗拒的魅力，使西班牙成为全球热门旅游目的地。无论是消遣娱乐、流行节日、艺术展示还是饕餮美食，西班牙人民总是另辟蹊径，更别提我们在各类体育运动中所取得的成就了。让我们从对澳大利亚人的理解角度，来理解一下西班牙人吧：从叠人塔比赛到海鲜饭，从弗拉门戈舞到奔牛节。就参观量和收入而言，西班牙在全球旅游目的地的排名中位列前列，我们拥有全世界最大且最珍贵的艺术遗产之一。但是从另外一个角度出发，我们在失业率，特别是青年失业率方面的排名也较为靠前。另外，根据媒体发布的一项关于欧洲各国的研究，西班牙也是全欧洲英语说得最差的国家。上述所有内容都来自统计、研究、民调、街头采访或是互联网田野调查，有些结果比较可靠，另一些研究结果则更为直观地表明了我们数百万同胞正

---

① España va bien，出自在任期内为国家经济方面取得重大成绩的西班牙前首相何塞·马里亚·阿尔弗雷多·阿斯纳尔·洛佩斯（José María Alfredo Aznar López），他曾经在谈论到西班牙经济时多次说到这句话。

在经历一段艰难且残酷的时期。总而言之，我们的国家形象是热情好客，甚至于那些出差派遣到西班牙的人，都总是不愿意离开；而我们的"国家品牌"相关产品也更多地与国民生活质量相关，而非依靠新兴技术的发展。

在写作这个部分的时候，我发现了夸大一些概念以及重复那些陈词滥调有多容易，也发现了在将一个国家作为一个代表 4 200 万人的概念进行讨论时，要想不出现任何敏感冒犯的表达有多困难。而可堪慰藉的是，出于怀疑论者的惯性，我发现在所有的国家和人民中，都存在以上这些老生常谈的问题，这一点超越了国界的限制，无论是自由散漫的意大利人，还是外向奔放的美国人，都是一样，所以，即使我们并不认为自身形象如此，也不应就此怀疑这一观点。说了这么多关于排名的内容之后，还有一点我想补充的是，在 2013 年 12 月初，西班牙形象观察和声誉研究所联合发布了他们关于西班牙形象的报告，根据与其他国家的比较，我想聊聊其中的两个结论。第一，与对外形象相比，目前西班牙对内形象较差，这一点非常符合我们自嘲自轻的倾向（但是，这件事本来就应该由我们自己来做，因为如果是针对其他国家，那我们肯定会搞砸的）；第二，我们这个国家所具有的竞争优势中，排在最前面的就是"我国人民亲切友好"，其次是我们对"休闲娱乐"格外热衷，再次就是我们的"自然环境和生活格调"非常协调。

人们常说，世上除了真相和谎言以外，还有在大多数情况下可以被视为谎言的统计学真相，因为如果我们按照字面意思去理解它，可能永远也找不到真实形象的反映，要么被夸大，要么会存在缺失。如果我们说，西班牙人的平均身高为 1.75 米（确切数字是 1.77 米），我们想要表明的是一个用于建立比较的数字，要么是与其他国家相比，要么是与其他时期相比。但这并不意味着我们测量了所有西班牙人的身高，也不是说比这个数字高或低的人就不是西班牙人了。弄清楚这一点之后，我们就可以进入计量幸福的话题，谈一谈我们是不是有平均水平所描述的那么幸福。

这份关于西班牙人和幸福的重要报告出自可口可乐幸福研究院，我们有意选择了 2008 年和 2013 年这两个特别的时间节点，开展了两波研究工作，而此时对应的恰好是两种截然不同的社会经济状况，并且由此导致经济环境与主观幸福感之间建立了有趣的相互关系，尽管我们将在几页之后对这两项因素之间的关系进行分析，但我们还是应当明确二者之间确实存在一种远比看起来更加复杂的关系。

2008 年，声称自己幸福的西班牙人占比达到了压倒性的 82%，但到了 2013 年，这一数据就下降到了刚刚过半（54%），这一点应当像几乎所有的数据一样，从两个角度进行分析。这种下跌的形势当然是十分明显的，但如果我们把它放在当时所发生的真实情况的背景下，可能就没那么引人注目了。此外，从乐观主义者那种瓶子半满的角度来看，在 5 年后，"危机"一词像足球那样的全民运动一样流行开来，达到妇孺皆知的程度，以及失业人数超过 500 万人（2013 年 2 月～4 月的登记失业人数）时，还有超过一半的西班牙人声称自己是幸福的，这一点是非常了不起的。根据一个简单的三分原则，已知失业影响到了全西班牙 1/4 的人口（在青年群体中甚至达到了 1/2），如果在这里生活的人中，还有一半声称自己在情绪方面感觉良好，就意味着，即使时局如此艰难，很多没有工作的人仍旧认为自己是幸福的。

经济形势会影响人们的"声称幸福"，但并非具有决定性的作用。事实上，在可口可乐公司所进行的研究中，这一数据的最低点出现在

2010 年，那时，这一百分比处于半数的边缘，仅为 52%。2013 年，通过类似方法所得的数据要稍稍高一些，也就是上述的 54%。我并不打算在这里胡诌数据和百分比，至少我不希望看起来是这样，但有趣的是将目光聚焦到某一个时刻。2010 年，西班牙的经济状况还没有跌到谷底，几年后，当各种情况的恶化和耗损均暴露无遗时，数据更差。如何解读这些数据呢？我倾向于认为，一方面，当时还存在一个与国家态度相关，尚且不会跌破的"地板"，而这是集体文化中根深蒂固的东西（西班牙人不喜欢把自己定义为不快乐的人）；另一方面，人们的期望就像股票市场上的情况一样，总是先于现实。因此，2010 年时，人们倾向于认为事情将会变得更糟，这种预期对人们情绪状态的影响远比当时已经发生的情况严重得多。

对于幸福感随着经济状况的变化而发生变化这件事进行一个总结性解读，可以表述为，对于西班牙人来说，金钱（物质享受）是必要条件之一，但是既不充分也不排他。我们甚至可以确定收入水平大概达到什么水平，就会导致薪资与幸福之间出现直接关联（这一部分我们将在下一章节详细讨论），现在我们仅只说明就平均而言，代表上述情况边界值的年收入水平大约为 2.5 万欧元[①]。

最后，我们来看一项关于全体西班牙人及其幸福程度的数据。前面我们说到过，博莱罗舞曲曾经告诉我们的生命中最重要的三件事：健康、金钱和爱（换句话说，就是身体、物质和情感的幸福），而幸福将在这个三角中找到一个平衡点：三者对我们来说缺一不可，但是每个人将根据自己的个人情况排列优先顺序，或是根据自身的可能性，建立属

---

① 1 欧元约合 7.22 元。——编者注

于自己的平衡。2008 年，由于年龄和身体状况的变化，这些因素的顺序发生了变化。对于年轻人来说，爱肯定是第一位的；而当我们成熟起来之后，可能把金钱看得最重；当我们走到生命的最后阶段，则是把健康放在第一位。然而，可口可乐幸福研究院的第二份报告展示了不同的情况：对于西班牙社会各个年龄段的人群来说，他们首要担忧的都是物质，也就是歌里面唱的"金钱"，但这并不意味着人们突然变得贪婪起来了，而是出于这样一个逻辑：人们总是更加珍惜自己缺少的东西。

El mono
feliz

第六章

生命中最重要的三件事之一：健康

*Descubre cómo la ciencia
explica nuestras emociones*

　　我们对那些三个为一组的概念记忆更加深刻，这一点我们在本书的开头已经聊过了，这里就不再赘述，比如我们提到过的"鲜血、汗水和眼泪"，以及"信仰、希望和仁慈"；这一点投射到我们的生活中，就会让我们想到"健康、金钱和爱"。这三个要素集中了身体、物质和情感幸福这三个维度，接下来的内容我们将对以下几个方面展开讨论，包括试图将幸福或是我们对自身幸福的感知，与我们的健康、年龄、收入、旅行、爱好和厌恶的东西进行联系，以及将幸福与我们认为的，生活对待自己和他人的方式联系起来时所发现的，关联最强、令人好奇或是存在矛盾的几个方面。

　　当我们试着确定这三个要素与我们的感觉之间的相互关系时，我们可能还是逃不开怀疑论者的惯性，得出一切"看情况"的结论。一个人可以在拥有的东西很少，或是健康状况很糟的时候，感觉非常幸福，也可以在家财万贯且身强体健时感觉痛苦万分；可以在孤独地进行冥想和与世隔绝时找到幸福，也可以通过纷繁复杂的社交活动遇见幸福。这方面的研究多种多样，既有严肃认真的，也有言之无物的，但都是为了计量某一个单独因素能够对我们的幸福产生多大程度的影响。正如我一直坚持的那样，这些统计学真相反映的都是平均水平，但是我们所讨论的情况（包括我自己和我的读者们），可能与我们的认知相去甚远。但这并不重要，重要的是在我们的情感幸福方面（这一点也与所有那些写到过这些话题的人的观点不谋而合），我们所有人都必须找到自己的路，且没有人会比我们自己做得更好。

健康与幸福，幸福与健康

凭直觉说，任何人都会觉得身体更健康的人肯定更快乐，也就是认为健康会影响幸福，但是我们在此将讨论的话题恰恰相反：幸福会影响我们的健康状况吗？我认为会的，并将在接下来的内容里试着论证这一点。但是在此之前，我想首先聊聊关于身体健康对于我们获得幸福的影响。

评估健康最重要的是我们选择的起点：人们总是根据自己意识到健康问题时所拥有的身体状况，来评估自己的健康状况，换句话说，所有的相关实验和研究都证明了这一点，拥有正常听力的人，与那些患有听觉疾病的人，在统计上拥有相同的幸福指数，而我可以确定的是，与正常人群相比，在存在某种残疾的人群中声称幸福的人的百分比也是相近的（甚至很多时候这一比例更高）。说到疾病，包括慢性病，我们会发现这种关系并不像我们一开始所想象的那样是线性的，即更健康意味着更幸福。

那么，我们为什么会这样认为呢？因为一般来说，当我们这样想的时候，我们是从健康状况良好的角度出发的，而我们所做的其实是在传达一种所谓的失落感，或者是一种应当会导致情绪幸福度下降的低落感。对于幸福和经济状况的关系，虽然存在细微差别，但这种理论同样有效，但是，既然我们是以博莱罗的顺序开始的，为了节约时间，我们在这里就不继续展开这方面的讨论了。塔利·沙罗特（我们在前面已经引用过她的"乐观偏差"）很好地解释了这种看待我们所拥有的未来的方式，并将其定义为"影响偏差"（Impact Bias），它指的是我们因为过度重视某个负面情况而产生的对幸福感知的偏差。

这种情况会出现主要是出于两个原因。第一，我们会将自己的思维集中在一个非常狭窄，且逻辑本身就带有黑暗色调的水平线上。在此情况下，我们无法再思考许多不会发生变化的事情，并且将对未来的预测集中在所有会因为这个变化而出现恶化的情况上。如果我们被告知必须要打上一段时间的石膏，此时我们的思维就会倾向于那些负面的结论：我们将不能去旅行，不能做运动，行动也会非常不便，但不会想到我们仍然能够继续享受阅读的乐趣，品尝最喜欢的佳肴，也能继续拥有友情。这种聚焦于负面情况的思维方式，也证明了我们之前谈到过的一种心态：任何事物，在我们被问到之前，都不会感到它是如此重要。

第二，我们忘记了人类大脑所具有的强大的适应能力，因此，在变化已经发生的情况下，我们能够比自己想象中，更快且更深地针对这些新情况进行过程调整。即使疾病导致了某些身体状况的变化，我们也能开发别的技能来弥补这些新出现的缺陷。这就是适应力的奇迹，人类之所以能够生存下来，并不因为我们是最强大的物种，而是因为我们是最能够适应变化的物种，而且任何类型的变化都能适应。

这样的案例不胜枚举，不管是年仅 24 岁就中风的伊莎贝尔·帕洛梅克（Isabel Palomeque），还是一出生就患上脑瘫，但一生都致力于帮助他人的丹尼尔·罗德里格斯（Daniel Rodríguez），他们的故事都是提醒我们生而为人拥有无限可能性的最佳例证。伊莎贝尔发现，当代的综合舞蹈能够帮助自己克服健康问题并顺利表达情感，现在她加入了一个由患有各种残疾的专业舞者所组成的舞团。她的作品《高灵敏度》非常值得一读。如果说伊莎贝尔代表的是适应环境和克服困难的能力，丹尼尔的故事则更多地讲述了一个与自身疾病不懈斗争的人，他不仅成功融入社会，甚至获得社会工作方向的大学学位，即使他并不会写字，且据他所说，教授们也不让他使用录音机。他的故事同样值得了解，这部作品由曼福基金会出版，名为《鞋带的故事》，他是很多人的榜样，因为他证明了如果我们意志足够坚定，并且得到家人朋友的支持，我们能走得足够远。

安慰剂效应

在这本书里，我并不喜欢使用那些言之凿凿的措辞，但是我相信在某种程度上，幸福与否会直接影响我们的健康这一观点是毋庸置疑的。让我们试着从多个角度来解释这一点，以便消除所有的疑问。但是在此之前，我想首先排除我们过分看重情绪对我们健康的影响的观念。即便我们不是医生也能知道，即使是极致的快乐，也不能让你免遭感冒侵袭或是避免扭伤脚踝。至少在我看来，对于苹果公司创始人史蒂夫·乔布斯所患的胰腺癌，情绪并不具有任何治愈作用。

人是一个有机整体，集合了我们拥有的肉体和情绪，且有的时候，我们所感受的陪伴、倾听和爱，或者只是来自医生单纯的关心，都能帮助改善我们的健康状况，这就是所谓的"安慰剂效应"（这个词在拉丁语中是个动词，字面意思是"我让你开心"）。这是当值医生的工作。虽然不能总是这样做，但可以确定的是，如果我们始终坚持，并在符合逻辑的范围内经常做，效果是会令人满意的。如果一个人因为大出血或是急性阑尾炎去看急诊，这种情况下安慰剂就不奏效了，病人需要的是医生立即进行主动干预。根据芝加哥大学的研究数据，美国 45% 的医生承认自己为病人开过安慰剂。英国、新西兰、以色列、瑞典和丹麦等国家也进行过类似的研究，且所得结果均支持这一观点。例如，在丹麦，在对 545 名医生进行调查之后，结果显示有 86% 的医生在近一年内至少进行过一次这样的治疗。大多数美国医生在报告中所给出的理由是他们希望能够安抚病人，满足病人无理的用药需求，急于控制患者的疼痛，或是为了让病人停止抱怨。

　　包括美国的医学伦理委员会在内的一些机构认为，开具安慰剂处方（无害药物）只是医生为了省事，而非真正为了病人的健康着想。这种情况肯定是存在的，尤其在一个怀疑论者看来，虽然也有像阿尔贝特·费古拉斯（Albert Figuras）那样的医生，他作为书籍《纯粹的幸福》的作者，以一种非常有理有据的方式论证了这一观点：即使病人知道自己所接受的是安慰剂治疗，也能出现好转。费古拉斯以其丰富的常识和经验保证，目前已知最有效的安慰剂就是所谓的"白大褂效应"，让病人感觉自己被关心、被倾听，并且是由专业人士在为自己进行治疗，就会产生即刻安定的效果。

　　《英国医学杂志》在 2008 年发表的一份研究以相关数据证明了，患者与"医生"（或是一般意义上来说的医务人员）之间的互动，能够影响患者的健康状况。研究人员将 262 名肠易激综合征患者分成三组，分别与那些正在接受药物治疗的病人进行比较。研究人员告知第一组患者他们在等待名单上；告知第二组患者他们将由那些据说与病人关系疏远的专家进行针灸治疗；告知第三组患者，他们也将接受针灸治疗，但是将由那些对待病人特别友善的医生为其行针。最后的结果显示，第三组患者的好转情况，与那些服用药物进行治疗的患者相近。

事实上，无论你处于哪一阶段，生活都会向你证明，感受到情感关怀，让自己感知到被保护着，确实能够改善你的健康状况，尤其对那些不明原因的不适、疼痛，或是情绪低落导致的烦躁最为有效。孩提时代，有时候我们需要的除了阿司匹林以外，还有父母的怀抱和安慰。而现在我们都已为人父母，就能发现有的时候，最能够让孩子安静下来的就是让他们感觉到被关怀和被爱。

2013 年 7 月中旬，《世界报》封底的一则新闻为我们看待身体与精神的互动关系提供了一个新的视角，而出人意料的是，它完全违背了所有身体健康与情绪健康相关联的先入为主之言，同时也提醒了我们，人类的大脑是何等的深不可测。这个案例中的主人公名叫肖莱·詹宁斯·怀特（Chole Jennings White），她毕业于剑桥大学的化学专业，拥有斯坦福大学的博士学位，但这一切都无法阻止她想要成为一个瘫痪病人。的确，她的这种表现属于精神疾病，这种疾病甚至还有一个正式的名称：身体完整性认同障碍。根据《世界报》的报道，她经常说着这样的话："我第一次坐上轮椅的时候感觉好极了，我感觉轮椅就是我的归宿，我坐在上面会过得更好。"这位女士保证自己是认真的，为了达到自己的目的，她从小就开始制造各种大大小小的事故，最近的一次事故是超速行驶；她甚至要求为自己进行一次使双腿失去活动能力的手术。

费用为 1.9 万欧元。这似乎对她来说实在太过昂贵，她还在积极寻求帮助来凑钱手术。目前，她得到了一位心理医生的支持，这位医生认为，让她坐上轮椅至少比让她陷入危险境地好。

这个例子足以证明我们的身体和情感之间的相互关系有多复杂，但我必须说明的是，这也是我遇到过的最极端的案例。为了让这位女博士带给我们的苦涩尽快过去，接下来我来聊聊我的朋友哈维尔（Javier）的故事。哈维尔在他觉得压力大的时候，不管是出于工作原因还是个人原因，总是喜欢说一句让我印象非常深刻的话："我太想去住院了！"这种洒脱的方式能够让我们想起，知道自己被用心关怀和照顾着，是一件多么美好而愉快的事。

通过媒体报道我们总是能得知很多事情。虽然他们经常被批评缺乏严谨，语带偏见且观点有失偏颇，总是在不惜一切代价寻求形成轰动效应。我承认他们确实可能存在这些缺点，但并不同意这些缺点具有普遍性、广泛性和无差别性，因为我认为这种不公平的偏见，可能导致成千上万从业者辛苦的工作受到质疑，职业热情受到打击。不管是传统纸媒还是新媒体，它们首先都是新闻或者趣事的来源，总是给我们带来新鲜的故事，即使我们可能并不同意他们所报道的一切。2013 年 10 月 17 日的《国家报》中，我发现了一则关于精神与健康，情感与治理的参考资料，其中甚至提到了语言对我们产生的影响。

文字本身是无害的，而我们在遣词造句时所选择的每一个字，都表达着我们的真实想法，且关于这一点我们无须求证于任何实例。《国家报》告诉我们的是，我们在面对疾病时所采取的态度，我们所使用的词汇对于我们决定接受的治疗，甚至对我们今后的生活态度都具有决定性的影响。"癌症"一词就具有非常大的力量和影响，它会影响患者对此的反应：根据美国众多肿瘤学家的说法，他们出于恐惧，会要求患者接受可能被认为属于过度医疗的治疗。

为了证实这一观点，《美国医学会杂志》刊发了一份研究报告，内容是关于当近400名女性在被要求想象她们患上"乳腺导管原位癌"时，她们的反应，而这种癌症"只有极低的可能会发展为恶性肿瘤"。这些女性被分成三组，然后分别以三种不同的方式向她们解释这种疾病："不具有侵入性的乳腺癌"，"乳房病变"以及"细胞异常"。从逻辑角度来看结论，可能正如你所预料的那样，在接受第一种解释的病人中，要求进行手术的人数百分比最高，达到了50%，而最后一组仅为31%。

全美最具影响力医学网站"医景网"（Medscape）的负责人认为，我们应该另外再找一个词语来定义轻型肿瘤，避免为患者带来过多且无用的精神和经济负担。而在西班牙，最普遍的立场似乎还是继续沿用"癌症"一词，尽管我们同时也在尝试降低它对患者造成的影响。我担心很难做到这一点，因为就目前而言，当我们说到由于"长期遭受病痛折磨"而死亡时，所有人都能明白其中没有言明的是哪种疾病。

请给我一点压力，谢谢

当我被告知可能患上了第欧根尼综合征之后，我就不再将提及压力的文章剪下存档了。这种疾病的症状包括永远不会扔掉任何东西，以及收集在路上遇到的所有东西，然后囤积起来，媒体对这方面内容的报道也是数不胜数。西班牙语中的"压力"一词是从英语借来的，尽管拼写方式不太一样，但在两种语言中的发音差不多，而它的英语词源又是拉丁语，意思是"紧张"。其最普遍的意思指的是，在面对会让我们感到不适，并且会被视为负面形势的某种情况时，机体所产生的一种生理反应。虽然如我们所想，这种观点是片面且不公平的。

有压力并不是一件坏事。坏的是压力累积起来，或是让我们产生这种感觉的情况出现了叠加效应，且我们无法获得解脱。但是，如果没有这种情绪紧张的感觉，可能人类这个物种早在千万年前就灭绝了。从生理学的角度来看，压力是一组让我们准备好以最有利于克服危险和威胁的方式，来面对这些危险和威胁的生理反应。这不是一种有意识的反应，而是发生在自主神经系统中，功能低于意识水平的那个部分。换句话说，我们的理性没有参与这个过程，即使它意识到了这种反应的后果。

上述的自主神经系统是由两个结构组成的：交感神经系统和副交感神经系统，而且通常情况下，在人比较平静时这两套系统是能够保持平衡的。但是，当我们的大脑感到危险时（请注意这个过程中杏仁核这个区域的重要性），无论这种危险是真实存在的还是想象出来的，警报都会被触发，交感神经系统都会自主地向我们的机体发出指令。这种解释可能听起来太照本宣科，但是在此情况下我们可以看到，检测我们的警报是在何时被触发的，是一件多么容易的事。下列所示情况可以方便我们识别压力的生理迹象：心跳频率加快和血压上升，在我们需要逃跑或是搏斗时，会为我们的肌肉提供更多"能量"；呼吸频率加快，可以避免我们在逃跑或是搏斗时肺部空气交换不足；唾液分泌减少和出汗量增加，避免我们的躯体引擎过热；瞳孔放大，提高我们的观察能力。

这样读起来好像是在描述一个人被转化成了一个机械人，一台战斗机器（或是逃生机器，要知道逃跑也是一种选择），一个复制人，或是像电影《终结者》（*The Terminator*）里的那种反派角色。但事实并非如此，这些身体变化是睿智的大自然在我们的生命可能受到威胁时，为我们所提供的能力。这就是我在前文所说的，压力并非一件坏事，它是一种力量的注入，虽然非常消耗身体机能，但对于生存而言是必不可少的。我们可以想想在阿塔普埃尔卡①附近发现的人类祖先，如果他在意外遇上一头饥肠辘辘的熊时，不能感觉到恐惧，也没有出现上述的任何反应，以及其他我们可能没有提到过的反应，那么他可能不能继续活下去，更不可能为当今社会做出任何贡献。

截至目前所叙述的内容都证明了我们人类的情感与生理之间是有密切联系的。一种感觉，一种由恐惧引起的冲击，在我们的机体中产生了一系列详细的变化；所以，即便仅仅是从负面角度出发，也证明了情绪能够调整我们的身体状态，甚至对于怀疑论者也是一样。然而，问题出在哪里？正如我们所描述和解释过的，发生的变化都有一定的意义，在我们发现自己身处危险境地时，这些变化对于我们的生存都是有用的，而且不仅在尼安德特人的年代如此，放到现在也是一样。

问题就出在这里：我们的报警系统和恐惧系统无法区分生理威胁和情绪威胁。在出现生理威胁时，我们所产生的所有能量的累积，都将用于逃跑或是搏斗。危险过去之后，我们会消耗大量的能量来恢复自身的生理和情绪平衡，由此产生疲惫的感觉。举个例子，当我们身处搏斗中，是不会感觉到被击打的，因为我们浑身充满了肾上腺素和皮质醇，它们阻断了我们对疼痛的感知，让它在我们稍后恢复平静的时候再出现。然而，在如今这个发达社会，生理上的威胁和危险一般较少，而我们的身体会经受（或是可能将要经受）的压力，更多地是由情绪状况

---

① 阿塔普埃尔卡是西班牙一个古老的喀斯特地区。——编者注

而非身体状况所引起的。例如，对失业的恐惧，害怕受到经济危机的影响，害怕伴侣离开，或是害怕自己亲近的人过得不好，这些情况比危及生命的情况发生得更加频繁。

一场关于工作的讨论，一次复杂的考试，或是必须对潜在的客户进行展示，这些都可能让我们产生相同的生理反应。但是其中还有巨大的区别。工作或是情感让我们产生的压力往往会积累成慢性疾病，永远也不会结束，且如果我们无法控制，甚至还会累积起来，糟糕的一天之后，随之而来的是另一天的糟糕，循环往复……于是我们的健康就会受到影响。因为我们机体内所产生且累积起来的所有"能量"找不到出口（这会导致血压升高等问题），慢慢累积多了，就会对健康造成不良影响。就像马里奥·阿隆索·普伊赫（Mario Alonso Puig）在他的书中所解释的，此时分泌的皮质醇是一种由肾上腺产生的激素，可能并不准时，但却是连续的，能够让一时的血压升高发展成为慢性的高血压，进而损伤人们的免疫系统。

我们可能并不需要任何研究来帮助我们理解压力会损害我们身体健康这件事，而早在 2012 年，《柳叶刀》就通过对涉及来自多个国家的 20 多万人的数据进行研究，证实了工作压力会提高罹患心脏病的风险，而且更重要的是，那些从事最严苛工作，且几乎没有做出决定的自由的人，他们的心脏受影响最大。2013 年，萨拉曼卡癌症研究中心得出了另一项研究结果，压力和肥胖之间存在相互关系。

来自威斯康星大学情感科学实验室的理查德·戴维森（Richard Davidson）对我们可能经历的情绪状态进行了研究，并且根据让我们生气的容易（或困难）程度，恢复平静的快慢程度，以及我们的精神状态受影响的深度（或是浅度），建立了三个参数。换种方式来解释以上这些观点，即虽然每个人的大脑中都有杏仁核，但是面对同样的事物大家并不会做出相同的反应，因此也不能在控制情绪释放的艺术方面有相同的造诣。

作为上述内容补充的另一个方面，戴维森所剖析的是在发生所谓"杏仁核劫持"的时候，也就是在我们被生存本能所控制，大量分泌激素的时候，对前额叶的活动进行研究。当我们处于这种"被劫持"的状态时，前额叶最活跃的部分是右侧，而当我们处于热情、积极或是协作的状态时，则是前额叶的左侧更活跃。

基于这种大脑激活区域差异，戴维森提出了一些实用的小方法：第一个方法是用于避免压力的好方式，包括激活前额叶的左侧并对其进行训练，给自己一些"小确幸"的时刻作为奖励，与日常生活断开连接，这样能够让我们保持"新鲜感"，并且能够在紧张时刻更好地控制自己。第二个方法是尝试在专注、冥想等活动领域取得进展，当今时代对于这类行为的描写很多，也有很多权威专家为其背书，他们肯定会对你有所助力，这些人包括马里奥·阿隆索·普伊格、理查德·戴维森、丹尼尔·戈尔曼（Daniel Goleman）。

在这个充满压力的章节结尾，我将一条经典的提示语送给大家。"我认为世上本没有毒药，只是剂量不对"，这一观点是由西塞罗提出的，但是我的朋友阿尔贝特·费古拉斯博士对此进行了更正，他说这个观点最早曾隐晦地出现在了荷马所创作的《奥德赛》中，另外柏拉图也曾在一些作品中提到过。但不管怎样，它完全适用于我们与身边所发生的事，或是与我们所承受的事情之间建立的情感关系。过量和不足都是有害的，面对未知，太过紧张或是太过放松都是不对的，而且如果你不同意，想想那些你在职业生涯中所犯过的错误，我敢肯定你能想起某件不是因为过度紧张，而是因为没有紧张起来而失败的事。

如果你仍然对不良情绪会影响我们身体健康这件事抱有怀疑，请分析一下下面这句在我们的语言中，经常会出现的话："你怎么了？脸色看起来不太好！"在我看来，这个简单的论点似乎比可口可乐幸福研究院发布的，与健康和幸福相关的整整 400 项研究更有说服力。或者，我们来看看匹兹堡大学的一项研究，其结果显示，在未来的 8 年内，心态乐观的女性罹患心肌梗塞的概率要比普通人低 9%，且因其他原因死亡的概率要比普通人低 14%。

当我谈跑步时，我谈些什么 [①]

《当我谈跑步时，我谈些什么》这本书是近年来营销最成功的书籍之一，同时也是在跑步圈内被相互赠送和交流得最多的书籍之一。这本书的作者是日本作家村上春树。他以第一人称讲述了自己在跑步过程中的经历和感受，他从中感知到的幸福，以及他作为一个曾经久坐不起的人，为了得到奖赏而连续完成多次马拉松比赛。他解释说，重要的不是距离和身体活动让你感觉良好，而是达到平衡的过程让你感觉很棒。

我是从一位好友那里收到的这本书，而在其他此内容的文学作品中，我更喜欢的是《长跑者的孤独》[②]（*The Loneliness of Long Distance Runner*）这本书，甚至有一次在餐前苦啤酒的作用下，我还想对它进行重编再版。然而，村上春树所讲述内容的价值也是毫无疑问的。我之所以认为应当在这本书里加入一章专门讲述幸福的内容，首先是因为我坚

[①]　取自村上春树的同名散文集。——译者注
[②]　英国小说家，诗人艾伦·西利托（Alan Sillitoe）创作的小说。——编者注

定地相信，体育锻炼能够对我们的情绪健康做出很大贡献，能够明确地解释身体与心灵之间的关系，其次是因为我认为所有的读者都会有属于自己的亲身体验，明白在进行体育锻炼之后的感觉有多好，或者反过来说，他们会明白整天困在室内久坐不动，会有多难受。

在 2013 年的马德里独特跑步运动的最后一天下午，聚集了近 4 万名参赛者，创下了新的纪录，而且这个数据还不包括那些在封锁街道的围挡内，没有拿到号码牌的参与者们。来到出发点参加比赛几乎成了全马德里人的共识，也不禁让我们想问问自己，参与这项考验（当然是在每个人的极限以内），跑完 10 公里，到底能够得到什么好处？但是当我们身处其中时，就会知道，没有任何人是被迫参加的。而当我们到达位于终点所在的巴列卡诺体育场时，这种感受会更加明确。在那里，所有人都比出发时状态更好，不管名次如何，所有人都在笑着，而且如果还有人没有笑，那肯定是因为他是最先抵达的那群人。对于他们而言名次的提升是一个确切的目标，如果没有达到这个目标，则可能会让他们感到受挫，虽然这种情况会让我们认为他们可能不幸福，但这并不属于我们讨论的情况。

几个月前，《国家报》曾使用大量版面来宣扬运动对身心健康的益处，该报道的标题非常醒目，以至于我无法拒绝直接引述其作者，一位专业的体育记者，卡洛斯·阿里瓦斯（Carlos Arribas）的话来表达对运动的推崇："想来一片安定吗？不，不如去公园里出出汗吧！"

上文的报道中作者引用了很多平常人都能像常识一样理解的案例，但令人震惊的是，那些在权威大学所开展的科学研究也支持这些结论。他引用了《国际运动医学杂志》上发表的一项研究，此项研究的对象是一群年龄在 18~65 岁的参加圣周朝圣之路旅行（30 天内行进 758 公里）

的人，在出发前和到达奥布拉多伊洛广场之后，科研人员分别测量了他们的体质数据和心血管疾病风险因素。他们所有人的体重、血脂、血压都降低了，心肺功能都提高了。虽然事实上这个群体仅有 11 人，但是鉴于我们经常可以从自己的朋友圈内了解到运动的好处，甚至不需要进行任何确认分析，这一结论都是经得起推敲的。这篇文章中所引用的其他案例，对于我这样的怀疑论者可能就不够明确或是稍显牵强了，比如那个在圣迭戈的神经科学大会上公布的案例，其作者声称孕妇在孕期进行适度的体育锻炼能够加速胎儿的大脑发育。

引起我极大注意的还有一个来自马德里医院，名叫卡洛斯·贝尔达（Carlos Belda）的肿瘤学家的观点，这位医生认为，对于那些因为焦虑或由焦虑引起的躯体化症状而来找他问诊的病人，在给他们开具某种松弛剂（如安定）的处方之前，他总是会先让他们去做足量的体育锻炼。这一准则也获得了来自莱加内斯精神病院的精神病学家，卡洛斯·穆尔（Carlos Mur）的支持，这位专家也在同一篇文章中给出意见，这一建议 / 处方是出于对体育锻炼的化学效力的确信，而不仅仅是一句运动是不会伤害任何人的，合理的建议。穆尔认为，体育运动能够"促进机体释放肌动蛋白，并且促进内啡肽的产生，这种物质就像具有放松作用的镇静剂"。

正如我们所见，这些积极的效应你肯定能够亲身体会到，或者是在身边看到，它们提醒着我们身体和心灵是双向统一且相互关联的（正如我们在这一章节中所一直坚持的观点一样）。因此，既然我们没有办法改变自己的遗传基础，那唯一能够帮助我们改善情绪的方法，就是以一种健康的方式活下去。

值得注意的是，经过科学验证后的家庭常用治疗措施，比我们从前的想象更进一步,若常识告诉我们现在适合进行某种类型的体育活动,因为这样会让我们感觉舒适,那么结果将证明,这样锻炼最终所获得的效果要比期望强很多。欧洲大学的研究员亚历杭德罗·卢西亚(Alejandro Lucía)在其文章中,以简单的形式解释了规律运动是如何起到多种药物综合产生的效果的,且几乎不存在任何禁忌证,以及解释了这为什么是唯一按照"剂量-反应原则"起效的治疗方式(这一原则指的是接受的治疗越多,效果越好)。但是,我们并不主张,大家必须成为顶级马拉松运动员才能获得幸福。这只是一种解释方法:虽然服用阿司匹林有一定的益处,但是剂量过大也是会致命的;但是一般来说,每天散步 2 小时比 1 小时和 0.5 小时都好。卢西亚还指出了我们这些外行所忽略的,体育运动的其他益处。

我们可以按照自己的意愿,将自身关于身体健康和情绪健康之间相互关系的讨论大幅展开,因为我们是理性动物,本身具有这样的能力,但同时我们也能将各种复杂的概念进行简化,甚至将其引入极其简单的领域。而后者的成功,大概得益于我们多年来对物种起源的研究。

以整数计算,我们的祖先大概来自 40 万年前生活在非洲的一个小小族群中,与地球存在的时间(46 亿年)相比,不过沧海一粟。我们身体的设计使我们可以在自然、恶劣、食物匮乏的环境中生存,且当时身边不存在任何我们现在所拥有的舒适条件。我们就像是基因设计的机器,用于移动、行走、奔跑、跳跃、追逐、狩猎、屠宰、甚至搏斗。我们的智慧帮助我们取得了非凡的成就,但有时候我们并不重视它们。然而,我们携带的 DNA,也就是我们的遗传材料,却没能如此迅速地发生变化,而且我们的身体需要保持足够的活动才能感觉良好。人类就像一辆汽车,如果长时间停放在车库里,就没办法开了,而久坐不动的生活方式，首先影响的就是我们的情绪健康。

所以，重要的是我们得动起来，且需要保持连续性，以及选择适当的时间来做运动（因为我在美国西北大学的一项研究报告中看到，运动有助于我们入睡）。但是，此项研究显示，要想达到这样健康的效果，我们需要保持连续运动，且至少应当保持 16 个星期以上；否则可能适得其反。也许之后会有人问，我们为什么要成为怀疑论者，答案很简单：每一个关于幸福的结论，随之而来的都是一个对所产生的期望进行不断修正的过程。

U 形幸福曲线

我非常赞成赫苏斯·桑切斯·马尔托斯（Jesús Sánchez Martos）博士说过的，幸福不是给生命以岁月，而是给岁月以生命，但是我们实现幸福的优先级顺序也会随着时间的推移而发生变化。甚至可以说，总结每个人希望具备的所有个体差异，我们可以描绘一幅能够表达其真实形象的，重要的情绪健康图景，而从该图景中重复出现的部分里，我们能够明白在整个人生中，我们体验积极情绪的方式具有某种生物性。

幸福曲线，或者说描绘问卷调查中受访者声称自己所感知幸福的图像是 U 形的，也就是说，当我们向不同年龄段的人群询问，他们感觉自己有多幸福时，总是能够发现相同的特征。处在生命之初的幼年时期，之后的青少年时期甚至老年时期的人们，都有可能声称自己是最幸福的，然而，处于中年成熟时期的人们，却会感到没那么幸福。这就是中年危机吗？不一定，但是其中的某些东西确实存在，并且我们将要谈到的几项研究都表明了这一点，这些研究内容带有奠定本书基调的，合理的怀疑论色彩。

我第一次听到"冗余生命"的概念，是出自爱德华多·庞塞特。他常常使用这个概念来解释为什么现在的我们总是对与情感相关的话题如此感兴趣，并且以一种非常容易理解的方式进行了论证。在中世纪，人们活到 40 岁就已经很了不起了，能活到 50 岁的人少之又少，而且从统计数据上来看，那时的人们活到 60 岁几乎是不可能的。然而，随着社会经济生活的各个方面都得到了长足的发展，尤其是医学和饮食方面，各种新颖的医疗措施和对各种类型废物（特别是有机垃圾）的处理，都使该标准提高到了令人咋舌的地步。根据经合组织 OECD 的数据，瑞士是 2013 年平均期望寿命最长的发达国家（82.8 岁），而另外还有十几个国家的国民平均期望寿命也超过了 80 岁。西班牙以 82.4 岁排在第四名（在很多其他的报告中，西班牙女性的平均期望寿命位列第一，男性位列第二，但是我们不应当只是讨论这些公开的数据，而是应当试着去理解并且运用它们）。值得注意的是，1970 年我们的预期寿命还"仅为"70 岁，这一数据也能为我们解释前文所提到过的，生活环境对我们基因发育的限制，并且提醒我们遗传物质与周围环境之间存在着强大的相互关系。

回到庞塞特的言论，从我们自身的生理因素来看，就物种而言，人类在 40 岁时通常已经到了作为生命体的期望寿命结束的时间，就像某些自然科学丛书中所说的，生命体与非生命体之间的差别在于，生命体能够"出生、成长、繁殖以及消亡"。

公布于 2008 年的可口可乐幸福报告，以 3 000 份现场采访为数据基础，所得结果证实了这种 U 形幸福的存在。声称自己非常幸福的人群分布在 18~25 岁，26~35 岁，以及 55 岁以上的年龄段中所占的比例，比在

36~55 岁这个年龄段所占的比例大。而 36~55 岁的人群展现出一种特别的倾向：这个年龄段的人声称自己"不幸福"的占比达到了 29%，远高于自称"非常幸福"的人群所占比重（22%）。

这一现象已经在包括美国在内的 50 多个国家观察到了。而在一次针对大约 35 万个 18~85 岁之间的人进行的问卷调查中，声称幸福感最低的年纪在 40 岁左右，然后到 50 岁左右会慢慢恢复，再次上升。由此得到的第一个结论是，某些事情必须发生在人生的中间阶段，此时我们的大脑为了以积极的方式处理、生成或解释我们身边所发生的一切，需要耗费更多。只是我们并不清楚发生了什么。

一方面，这里面有着生理上的原因，就像歌里面唱的，"时光一去不复返"，这些原因与我们对时间已经流逝，但我们还有很长一段路要走这件事的意识有关。另外，它们还与我们身体的鼎盛时期相关，因为当我们活到 45 岁后，这种状态可能只能在回忆中回味了。此外，还有一部分原因则与我们的物质享受，以及始终基于我们曾经为自己设定的期望是否达成相关。我们是否得到了自己梦想得到的东西？当我们得到这些时，是否已经太晚了？我们在成年之后总会问自己这些问题，而在这个年龄段，轮到我们来承担子女和父母的生活。最后，还有情感方面的原因，我们会在 40 岁到来时追问自己生命的意义，但并不总能找到答案（别担心，大部分人都是这样，不需要去看心理医生，但是如果你想去，也没关系）。

用一个我觉得有用的比喻来解释：我们在人到中年时所经历的，与一些政治家在他们达到权力顶峰时所描述的感受是类似的。当他们达到这个制高点时，总是会问自己："就这样了吗？"而我们则是在意识到自己已经到了成熟的年纪时，就会问自己："就这样了吗？"在此之前，我们可能也想过这个问题，但同时也确信自己尚且不能找到答案，因为人生阅历尚浅。而现在，我们知道自己已经不再年少，有的问题可能永远也找不到答案，但根据过去那些年的经验，我们也知道在未来的人生道路上，还有更多其他有趣的东西在等着我们。把这段话放在这里似乎会让你们感觉这是一本情感自传，而不是为了告诉你们一些有用的东西，但其实这只是一种我个人选择的方式，用来尝试理解为什么人类总是在 40~50 岁的时候感到难以获得幸福，尤其是与我们生命中已经过去，或是尚未到来的那些时刻相比。

这种不安的感觉其实非常普遍，以至于那些关于中年危机的调侃受众非常多，由于生物学和社会的组合助攻，我们期望寿命的延长始终在不断突破，而现在的时尚杂志和畅销期刊也总是充斥着下面这种类型的标题：《40 岁：新的 30 岁》，为的就是让我们感觉人类正在战胜时间，事实也正是如此。科学家们保证，当我们所说的那种"危机"到来时，不过就是需要我们改变一下自己的日常习惯，然后你就能在 40~50 岁时，甚至 60 岁时再次获得幸福，只要你愿意。另外，英国华威大学和爱丁堡大学的科学家们开展了一次关于猿猴亚目动物的合作研究，以了解我们所经历的这些事情是否具有生物学根源，而不仅是出于情绪的问题。

而答案似乎确实如此：在幸福感下降的背后确实有着来自生物学方面的原因，这一点在我们那些进化程度较为完善的灵长类动物"亲戚"身上也有所体现。研究涉及来自美国、日本、澳大利亚和新加坡的 50 多座动物园，两家研究中心，以及多个保护区的 376 只黑猩猩和 172 只红毛猩猩。他们就这些动物的态度、社群交际能力，以及觅食或玩耍的意愿，向至少在上述机构工作过两年的饲养员、研究员和志愿者进行了询问。其结果于 2012 年公布于《美国国家科学院院刊》，且根据这些信息，黑猩猩幸福感最低的年纪是在 28 岁左右，而红毛猩猩则是在 35 岁左右，这一点符合各自物种的期望寿命，以及与人类相比，它们的寿命更短的特点。参与此项研究的科学家之一，亚历山大·韦斯（Alexander Weiss）向《先锋报》透露，幸福感的变化可能与大脑所分泌的性激素水平相关，或者是与类似血清素或是多巴胺的神经递质活动相关。

不管怎样，我们应当明确的是，在这漫长的一生中，我们会怎样获得幸福以及能有多幸福，都不是一个确定的事实，而且很有可能在我们到达预期寿命的中间段时，我们会发现，虽然要寻找和找到幸福并不是件容易的事，但总是可以做到的。而如果不能，记住这个 U 形曲线，它最终会保证我们能够实现"触底反弹"，虽然我们最好还是先试着让自己加把劲。

情感可以治愈我们吗

我希望我们能够以一种合理的方式坚称，幸福可以治愈我们，但其实我担心它并不能。我相信你肯定曾听别人讲过，或者是在报纸上看过，那种似乎确实如此的故事，但是我怀疑这只是一个为了引起你注意的"标题党"。我们在说到芭芭拉·艾伦瑞克和她的"微笑面对人生：否则就是死路一条"时，已经讨论过这一点，但是为了避免在我的立场问题上存在疑问，我将再次重申：为了治愈身体上的疾病，我们应该求助于科学和医生。但是与此同时，也要知道积极的态度，更坚定的心态，以及平静的情绪状态，都能帮助我们承受可能必须经历的那些考验。

2011 年夏天，可口可乐幸福研究院和马德里康普顿斯大学的心理学系，联手发布了一项名为《幸福与健康感知》的宽泛研究，这是迄今为止这个领域里最重要的研究项目之一。该研究由积极心理学研究方面的权威，卡梅洛·巴斯克斯主导。参与该项研究的有来自西班牙各地，年龄在 18~65 岁的 3 000 名志愿者。

上述研究的结论可以从幸福研究院发布的相关报告中了解，其中有以下几个观点值得注意。

第一，宣称对自己对生活现状满意的那些人（我们在前文说到过的迪纳量表基础问题之一），认为自己的健康状况更好，这一点符合人们的推断，而科学计量结果能够与我们的常识相符，本身也是一件好事。

第二，这项研究证实患有生理疾病势必会影响我们对自身健康的感知，这一点也符合我们的预期。但是其进一步指出，心理方面的问题对上述自我感知的影响更大。由此，影响我们感知幸福的疾病列表中，排名靠前的就是抑郁症、压力、失眠、疲劳、药物成瘾和厌食症，紧随其后的是心血管疾病、胃病、偏头痛和癌症。而如我们所见，这些疾病的根源更多来自于我们的负面情绪，而不仅仅是生理性疾病。

站在本书的讨论高度上，读者能够意识到我对某些问题的看法，包括身体与心灵的相互关系。这一立场也适用于我们提到的这项名为《幸福与健康感知》的研究。因为如果我们认为心理问题比生理疾病更难让人感觉到快乐，那么一项新的有关这一问题的实验，则证明对快乐的感知也同样影响身体健康：与那些对自身和周围环境都感觉安心的人相比，宣称"对自己生活现状不满意"或是"不幸福"的那些人，他们患上抑郁症的概率比其他人高出了 9 倍，陷入药物成瘾的概率比其他人高出了 4.5 倍。

尽管我们可以根据常识展开想象，但是通过与全西班牙最负盛名的心理学教授之一开展合作，让我们以科学的方式证明了健康问题会影响我们感知幸福的情况，而且一般情况下，实际的问题越严重，影响程度越深。此外，这位教授还发现，我们的情绪健康会受到不同类型的影响，而且这些影响可以被归纳为 4 种模式：渐进式（直接关联），抵抗式（起初能够保持坚定，但是之后会沦陷），即时式（一受到打击就立刻沦陷，但是随后能够稳定下来），以及矛盾式（这种情况会呈现出非常明显的 V 字形，表示能够快速恢复）。这些情况通常会出现在患上严重疾病的时候，因为这种时候往往最能够触动我们，也能让我们更多地讨论勇气、模范以及给予他人的鼓励，但是我们不应当寄希望于别人给我们这些，因为每一个人的内心都有着一个瞬息万变的宇宙。

在上述研究以及许多其他相关研究得出结论之后，美国出现了一大批坚称心灵可以治愈身体的理论家，对此，像我这样的怀疑论者却提出反驳：心灵确实能够治愈一些问题，或者换句话说，维持良好的心理状态和情绪平衡在任何情况下都不是一件坏事（反而是一件大好事），但是从平衡到"治愈"之间横亘着一条鸿沟，而我并不认为情感所产生的"功效"能够逾越它。

来自美国底特律韦恩大学的研究人员，通过一项针对经常出现在咖啡馆对谈中的话题的有趣研究，得出了如下结论：微笑可以延长我们的寿命。来自该中心的心理学家们对 1952 年拍摄的棒球运动员的照片进行了分析，并且计算了他们中间有多少人是微笑着的；然后，在对他们的现状进行了调查之后发现：那些在照片中保持微笑着的人平均寿命为80 岁，而那些表情严肃的人平均寿命则只有 73 岁。

2013 年 9 月，西班牙发行量最大的周刊用了很大篇幅来报道这件事，同时还讲述了在马萨诸塞州的总医院，有 15 名焦虑症患者接受了为期 8 周的冥想课程治疗的事情。在治疗结束之后，这些患者都实现了对自己情绪的控制，并且在不需要服用药物的情况下，使入睡困难的情况得以缓解。

在关于幸福和健康的这一章的结尾，我们似乎又回到了它的开头，依旧坚持认为二者之间具有双向联系，但这种联系并不是自动建立的，而是多种我们无法确立其原理的联系。此外，能够明确的是，拥有良好的情绪可以帮助我们更好地管理自己的生活，能够远离那些在我们问自己是否幸福时，最能够影响我们答案的心理疾病。但是，由于幸福不是一种永久性的状态，而是一种与某些神经递质分泌相关的短暂情绪（类似多巴胺或是血清素），我们不能寄希望于用幸福治愈生理健康方面的问题，虽然我们保持积极的态度，能够更好地应对这些问题。

在这方面，作为医生和药理学教授的阿尔贝特·费古拉斯在他的著作《纯粹的幸福》中解释得非常好，但是我想给读者留下一个我曾经在多个访问中看到的，非常有趣的观点：幸福是一种非常膨胀的状态，在此状态下大脑会分泌大量的神经递质（多巴胺），我们的身体内也会发生很多变化，而这种过度的状态可能会对我们的健康产生不利的影响。费古拉斯是以一种非常明确的方式对此进行讲述的："没有人能够在所有那些神经递质或激素对大脑和其他器官的作用下，承受长达一个星期的快乐。"所以，我们应该明白，为了能够保持健康，我们不能过度追求任何东西，即使是幸福时光。

El mono
feliz

第七章

生命中最重要的三件事之一：金钱

Descubre cómo la ciencia
explica nuestras emociones

从 2008 年起，西班牙就陷入了经济危机以及价值观和机构制度危机的泥潭中，而根据全国就业研究所的数据，2013 年国内的失业人数超过了 500 万。然而，到了 2013 年 12 月，该机构的这个数据记录骤降到了十余万（107 570），而追溯此前几个月的数据趋势，也似乎指向了一个更加乐观的未来：这种信心也符合我们所有人的期待，不论是政府、反对派、工会，还是雇主。希望我们能够保持这种基调，虽然我们都明白，预测是一件高风险的工作，而且并没有什么用处。希望我们每个人都行动起来，在不久的将来把自己拉出泥潭。

上面这段文字是从一段演讲或是一次新闻发布会上摘录出来的，但是里面陈述的这一系列数据，以及毫无疑问属于全西班牙人的亲身经历，都意味着当 CIS（社会调查中心）向我们进行调查时，西班牙人所列出的优先事项和问题就是经济危机和失业问题。我们并不是想要在这里塑造一个经济学的新萨缪尔森[1]，但是幸福并不是一种可以脱离居民生活环境而产生的，或是可以衡量的情感。巨大的物质条件压力（ERE[2]、裁员、薪资冻结、公务员减薪等）以及媒体的求全责备，使得现在的西班牙人认为要想获得幸福，最重要的就是金钱，也就是生活的物质条件，当然，这其中也包括就业。

可口可乐幸福研究院于 2013 年 12 月推出了关于"西班牙人与幸福"的第二份报告，其主要结论之一强调：所有的年龄段都认为，获得幸福，第一重要的是"金钱"。在这里我想试着解释一下，他们弄错了——人们如此重视金钱，只是一种对西班牙现在所处的，所有人有记忆以来最困难的经济环境的反应。这一点并不违背我们认为"这该死的金钱"是必不可少的观点，拥有一份工作具有一系列积极的意义，而这些远远超过了通过工作赚取的酬劳本身。这是一种存在于世间的方式，它让我们有归属感，觉得自己是有用的，是进行社交和设定目标的基础，也是我们所有人都需要且渴望被满足的需求。

少则多，多则惑

"金钱不是一切"，这句话可能是我们在整个受教育过程中听得最多的一句话，而且几乎可以肯定的是，这也将是我们对孩子们重复最多的一句话。让孩子们远离物质主义，不要只看重物品的价格，以及不要炫耀那些别人留给他们的财产，是做个好父母的基本守则之一。尽管我们大家都在某个时刻感受到过，想要朝着这个方向提醒我们所有的

---

① 美国经济学家保罗·安东尼·萨缪尔森。

② 就业监管文件，Expedientes de Regulación de Empleo。

孩子，不管是男孩还是女孩，都有在他人面前保护自己的物质财富的倾向。但随着年龄的增长，我们逐渐成熟，也获得了更多的社会技能，接受了正确的价值观教育，这种倾向也会逐渐消失。

　　然而，当今社会对于物质价值的吹捧和过度珍惜并不是今天才兴起的，尽管我们总是在讨论年轻一代的消费主义，以及购物中心是如何成为都市社会的新集会中心的。古典神话故事中早就有了米达斯的故事。传说中，在公元前 700 年左右，米达斯是佛律癸亚的国王，他最出名的事迹出于一则寓言故事，这则故事旨在告诫我们不惜代价追求财富的风险，以及黄金虽然是一种珍贵的宝藏，但并不是最宝贵的东西。这个故事非常著名，所以我们在这里只是将其概括一下：在经历了一系列的误会之后，米达斯为了款待作为酒神和宴会之神狄俄尼索斯的养父和老师西勒努斯，与他纵情狂欢了十天十夜，然后狄俄尼索斯为了感谢米达斯，决定满足他一个愿望，而米达斯的要求非常功利和明确：他希望自己的双手碰到的所有东西都会变成黄金，于是，他成了世界上最富有的人。一开始，这无疑是一桩美事，但是没过多久，这位国王就发现自己没有办法吃喝，也不能碰触任何人，因为所有他碰过的东西都变成了黄金。米达斯觉得自己是受到了惩罚（我猜想），请求狄俄尼索斯收回这种能力，而狄俄尼索斯十分感动于国王对西勒努斯的精心照顾，于是拒绝了他。为了除去这种能力，国王只能潜入帕克托罗斯河，而这就是为什么这条河的泥沙中含有金银。

　　这整个故事向我们证明了前面的观点：金钱不是一切，也绝不是唯一，而与此同时，它也告诉了我们，2 500 多年前的希腊人所关心和渴求的东西，与今天我们所关心的并无二致，即使他们从来不知道电话、电脑、互联网是什么。而为了强调这一非常典型的怀疑论者观点，我还想到了另一个发生在古罗马的真实历史案例。在恺撒大帝统治时期，克拉苏是整个帝国最富有的人（他死于公元前 53 年），也是统治共和国的"三巨头"之一（另外两大巨头是恺撒本人和庞培）。由于他欲壑难填，不断在罗马帝国的东部边境挑起战乱。彼时他是叙利亚总督，在一场与帕提亚人的战争中，他最终战败。帕提亚人用一种非常残忍的方式结束了他的生命，他最终被熔化的黄金灌喉而死。并以此作为对那个时代认为黄金就是一切的人（比如克拉苏本人）的教训和警告。另外，在后来，我们普遍认为营销行为最早是在那个年代被发明出来的 ①。

有很多方法可以解释为什么拥有金钱并不意味着拥有幸福，如果你尚有疑问，可以随便翻开一份报纸，看看那些时事新闻，问问那些故事的主角。但是，在这里我们并不会针对特定的案例进行讨论，因为在这些新闻中，根据其所引发的社会愤怒程度，讨论最终会走向：作为补偿，是否应该将他们投入监狱，或者用一句非常西班牙式的话来形容，"最终他们会不会逍遥法外，不用吐出来一个子儿。"

现在，让我们转向另一种来自经济学理论的方法，一种类似于收益递减规律的方法带来的解释：对于同一种商品，我们囤积的数量越多，那么每新增一个单位能够为我们带来的满足感就越低。也可以这样理解：当你一无所有的时候，一点点钱就能让你产生巨大的满足感；而当你的需求得到满足之后，更多的钱并不会让你产生更多的快乐。不管是在目前穷困潦倒的西班牙，还是在富庶无虞的美利坚都是一样。

---

① 据说，克拉苏为了敛财，在元老院扩充之前低价囤积大量土地，以便在扩充后高价卖给元老们。他见罗马的房子大多是木质结构，极易发生火灾，于是筹建私人救火队，在发生火灾时坐地起价。然后甚至会以极低的价格收购那些烧毁的物业，进一步操纵市场。——译者注

当然，这个道理也同样适用于其他任何国家，但我引述这两个国家是因为在这两个国家里我有数量非常接近的，已完成的研究结论作为直接证据，而这也再次证明了这一观点的有效性。我们在为可口可乐幸福研究院编写第一份《西班牙人与幸福》的报告时，并不知道畅销书《撞上快乐》(*Stumbling on happiness*) 的作者丹尼尔·吉尔伯特（Daniel Gilbert），也在进行一项关于家庭收入与主观幸福程度之间关系的研究。我们在爱德华多·庞塞特和卡梅洛·巴斯克斯先生的领导下，提出了相同的问题：以家庭为单位计算的收入，与这个家庭的成员所声称的幸福程度之间，是否存在某种特定关系？答案有些模棱两可：的确存在某些关系，但仅限于一个固定的收入级别，且受访者们表示，超过这个收入级别后，他们并不会比那些收入比他们低的人感觉更幸福。在西班牙，根据 2008 年的数据，对于一个四口之家来说，这个收入级别大约在 2.4 万欧元 / 年（包括所有读者都希望包含在内的特殊情况，而且需要明确的是，我们在讨论一项代表着非常复杂的现实情况的统计数据）。而在美国，根据吉尔伯特的讲述，这个阈值刚刚超过 2 万美元（相当约 1.8 万欧元），但这只是一项统计数据，并不意味着那些收入较少的家庭不如那些收入更高的家庭幸福，也不意味着那些家庭收入高于该数据的家庭就一定是幸福的。

不可否认的是，我们都希望自己能赚更多的钱，拥有更多的财富，或者提高自己的生活质量。当然也有一些人不是这么想的，甚至你就是其中一个。但是，试图"改善"所处状况的趋势，是一种对我们十分有益的原始冲动，它推动人类在科学、医学和经济方面取得进步，所以我们不能将这种趋势妖魔化，因为它已经为数十亿人带来了生活质量和预期寿命的提升。然而，物质条件的改善并不意味着情感条件的改善。

事实上，正如全球最知名的经济学家之一，杰弗里·萨克斯（Jeffrey Sachs）经常提到的，在过去的 40 年里，美国的 GDP 成倍增长，但是美国人民的幸福感并没有多少提升。

2013 年 11 月，一份关于人均 GDP 的研究对外发布，其结论与上述观点不谋而合。来自华威大学和明尼苏达大学的两位教授认为，能够"让美国人民感到幸福的收入"为 26 500 欧元 / 年，并且得出结论：在这一财富数据上下浮动的区间里，人们的幸福感没有明显的差异。而在对各个国家的情况进行比较时，我们还发现，人们幸福感的最大提高出现在经济增长的阶段，而且在这些国家中，相关数据非常接近，最大的飞跃式增长出现在 18 000 欧元 / 年左右。我们在对比同一个国家的不同个体时所发现的结果也是这样。

即使是那些认为金钱能够为我们带来幸福的作者也为我们提供了相关数据，而这些数据在很大程度上，驳斥了他们的理论。有人会提到理查德·伊斯特林（Richard Easterlin）在 1974 年提出的伊斯特林悖论：即使一个人已经拥有了不错的生活质量，也还是会改善自己的物质条件。就像有的人拥有了价值 2 万欧元的汽车后，就会想要一辆 4 万欧元的，而那些开 4 万欧元车子的人，会想要 8 万欧元的。这里的汽车也可以换成其他物品，如房子、手表。直觉上，人们会认为这一点无可厚非，并且是由于人类与生俱来的"比较器"的作用，我们需要它来分析现实、他人和我们自己，因为它始终带着我们优于身边人的滤镜，所以我们总是向往更好的东西。另外，这个"比较器"还与嫉妒相关，这是西班牙人公认的重大罪行之一，但是它其实无处不在，尤其是在幸福方面。我们可以通过一句著名的谚语来理解这件事：一个来自纽约的乞丐并不会嫉妒洛克菲勒，但是他会嫉妒另一个收入比他好一些的乞丐。

也有一些作者认为，金钱能够为我们提供满足感，但并不在于金钱的数额，而在于比例，这一点其实与前面吉尔伯特所持的观点非常接近。我们来看一个具体的例子：瓦克斯（Wacks）、史蒂文森（Stevenson）和沃尔弗斯（Wolfers）联合发表了一份研究，内容涉及收入和幸福之间存在的对数关系，因此，重要的是财富增加的比例，而不是数量。例如，在这份研究中，对于一个收入为 20 万欧元的人来说，要想体会到另一个收入从 5 万欧元涨到 10 万欧元的人所体会到的快乐，收入也需要翻番，达到 40 万欧元，而不是增加 5 万欧元。综上所述，这一点也证明了当一个人赚得越多，或是拥有得越多时，每一次财富增加所带来的幸福就越少。

当然了，还有一个与我们所赚取的数额同样重要的因素，那就是这些钱的用途。由于行为学实验可以很方便地展开（只需要组织一些人，给他们不同数量的钱，并为他们设定不同的使用条件），这一观点已经得到了证明：影响收入增长与幸福之间关系的一项重要决定因素，就是我们把钱花在哪里。此类研究之一是由哈佛商学院的一位教授实施的，他向两组学生提供了一定数量的钱，然后告诉第一组这些钱可以用于他们的个人开支，告诉第二组（收到的钱较第一组少）他们需要把钱花到别人身上。这天实验结束时，第二组学生所表达的幸福感较第一组更强，而第一组则声称他们并没有感觉与前几天有什么不一样。参加这项实验的学生均来自加拿大，而出于哈佛商学院的严谨，他们把此项实验照搬到了乌干达，这个国家的生活条件与加拿大截然不同，而不仅仅是气候不一样。但实验的结果完全相同。

虽然我没有荣幸能够见到 Inditex 集团①创始人阿曼西奥·奥尔特加（Amancio Ortega）先生本人，但是我相信他所创造的财富为他带来的满足感最强的日子之一，是在 2012 年 11 月，他决定捐出 2 000 万欧元的那天。不管是其捐款数量还是其个人形象，都在这一天引起了巨大的反响和讨论，如果我没有记错，他是全西班牙最富有的商人，也是全世界第三富有的人（按照 2013 年的福布斯排名）。虽然还是有人质疑他慷慨之举的动机，但普罗大众的掌声已然盖过了这些评论，在我看来，不管怎样，这些议论都来自偏见，而不是理性分析。因为就像我们认为金钱并不意味着幸福一样，我们也同样认同，拥有金钱并不会导致你无法获得幸福，让你不能做个好人，或是不能做出一些慷慨之举。

悲伤的亿万富翁

作为全世界普及度最高、追随者最多且最容易掌握的运动，足球本身也是一个取之不尽的隐喻和实例来源。正因如此，足球世界里充斥着各种陈词滥调和空洞笼统之言，以至于假如我们试图从中汲取灵感来说明一件事的话，立刻就能找到反例。此外，因为一年四季几乎每天都有相关比赛、媒体报道、甚至训练曝光（更别说某某巨星的发型变化，或者是赞助商的营销活动），在这个领域我们似乎已经超过了摄取的饱和度。然而，尽管如此，在我们尝试解释一些事情时，最好的例子还是足球。

我本人可能永远也没有办法报答克里斯蒂亚诺·罗纳尔多（Cristiano

---

① Inditex 集团是来自西班牙的世界四大时装零售集团之一。——编者注

Ronaldo），虽然他毫不知情，但他的经历是我用来向各种受众解释金钱不能带来幸福时最好的例子，而且这些人中的大多数都赞同我对这位杰出的葡萄牙球员的看法。我完全相信在此之后，我所说的话可能在陈词滥调的冲击下被摧毁殆尽，但是作为一名怀疑论者，我的天职就是种下怀疑的种子。

2012年9月2日，在皇家马德里以3∶0赢得与格拉纳达的比赛之后，作为梅开二度，打进前两个进球的球员，C罗①却表示他很"难过"。这一说法远不如他的行为的影响力大，因为在两次攻破对手的大门之后，他都拒绝进行庆祝，而显然他是明白这一举动的戏剧性的。葡萄牙人的这种态度较之比赛本身，引发了更多的讨论，甚至是在裁判吹响比赛结束的哨音之前，这件事就在媒体和社交网络上引起了轩然大波。C罗践行了一条非常明确的沟通原则：重要的不是如何"说"，而是如何"做"。他在取得进球之后的行为，引起了球迷的不安以及对其态度的好奇，而在比赛结束之后，当所有媒体都追问他这种奇怪态度的原因时，他则表示："我为某个职业问题感到悲伤。"

事实上，当某个人说出某句话时，特别是这样一个重量级且风评极其两极分化的人物（这种形容想表达的是他给所有人的印象都不一样：爱他的人将他奉为神明，而不爱他的人则是同样强烈地恨他），人们并不希望他只是说说而已。在此情况下，每位球迷和每家媒体的解读都不一样，立场也不一样。在巴塞罗那媒体看来，这件事无非就是一个被宠坏的孩子在发脾气，而且原因只有一个，那就是金钱。而实际上，巴塞罗那出版发行的《体育世界报》以其头版头条表达了自己的态度：《悲

---

① 克里斯蒂亚诺·罗纳尔多简称C罗。——编者注

伤＝金钱》，他们认为 C 罗的悲伤与其希望得到 1 600 万欧元年薪的愿望有关。而《马卡报》则选择不进行任何臆测，并且从不同层面给出不同的解读，从俱乐部高层人士的惊讶，到更衣室队友的确认（他们都看到了他的落寞），再到球员本人的"气场"（这个词在各种主题的新闻报道中都有所使用，这样能够表达最接近的印象）都表明，C 罗变得"沉沦，没有动力，感觉不到被重视"。

而到了转年，也就是 2013 年 1 月，笑容又重新回到了 C 罗的脸上，他得到了一份可观的涨薪合同，并且按照 NBA 模式巩固了他作为皇家马德里当家射手的地位，至于到底是什么因素阻碍了这位亿万富翁的快乐，任何观点在今天都可以被视为是有效的，但是，我在这里讲这个例子，是因为要论证我的观点。每个人都想赚更多的钱，或者从另一个更加全面的角度来看，任何人都不会拒绝涨薪，要么是想改善我们的物质生活条件，要么是为我们配备更高级的车。到这里为止，一切都符合逻辑。所有人都一样，不管是在温饱线上挣扎的人们，还是对于 C 罗这种以五花八门的名目（包括作为内衣品牌的"门面担当"）每年可以赚取数千万欧元的人。

对于 C 罗，可能会有人得出这样的结论，因为他已经拥有过（并且仍然拥有）当他在家乡马德拉的小岛上第一次踢球时所无法想象的财富，仍然还是说自己不幸福，所以金钱是不能带来幸福的。此外，当他处于这个（已经被克服的）由葡萄牙式乡愁所引发的悲伤过程中时，他所取得的一切虽然仍属于他，但是却无法为他带来任何快乐，也不能在面对消极情绪时给予他安慰。他宣称自己很难过的那天，并不是因为有什么东西被夺走了，或是被降薪了，或是他众多豪车中某一辆被收回了。而且就目前所知的信息，也没有任何记录显示，在那段时间里，他出现了任何健康问题或是夫妻关系问题。因此，根据一个基本的数学原则，如果一个方程中所有部分都保持不变，而最终的结果却发生了变化，那么就是所有这些部分都没有对发生的事情产生任何影响。一定是有其他的东西阻碍了克里斯蒂亚诺·罗纳尔多的幸福。

是什么呢？在这件事发生的几个月前，这位葡萄牙球员才将自己定义为"高帅富"；根据他的说法，之所以在客场比赛时总有人"嘘"他，是因为那些人太"羡慕"他了（这些都是他的原话）。换句话说，他并不指望"其他人"会非常喜欢他，因为就他已经拥有的天赋而言，这种事情很正常。但还是有一件事令他失望了：突然之间，他觉得那些"自己人"，包括他的队友、球迷、俱乐部主席弗洛伦蒂诺·佩雷斯（Florentino Pérez），甚至自己效力的队伍，并没有像他所认为的那样爱他，这一点使他十分沮丧。

巧合的是，我写下这部分内容的前一天，C罗获得了金球奖。他领奖时泣不成声的表现再次证实了我的观点：金钱并不是他最看重的东西。一个每年净收入 1 700 万欧元，另外还有 1 500 万欧元代言费的男人，一个在 2013 年向全世界售出球衣最多的足球运动员，因为赢得了一次金球奖而情绪激动如斯。

C罗的这种情绪提醒了我们，其实每个人都需要获得他人的认可，这一点对于获得幸福是不可或缺的。诚然，不是每个人都需要金球奖才能活得好一点，但是你可以想一下，在你的专业领域里一定有一种你渴望得到的认可，不管是物质上的还是精神上的，而且我们所有人都需要感觉到自己对他人是有用的，对于大家共同目标的贡献是有价值的。相反，如果我们感觉被否定，我们就会变得非常难过。C罗说他所感到的悲伤，不能排除是由当时那些现在看来与此类情况非常相关的事情造成的。在他表现出这种奇怪态度的前一周，安德烈斯·伊涅斯塔[①]（Andrés Iniesta）被欧足联评为欧洲最佳球员（当然这是实至名归的）。另外，就在那几天，西班牙国家队和皇家马德里的双料队长卡西利亚斯（Iker Casillas Fernández）和巴塞罗那俱乐部队长哈维·埃尔南德斯（Xavi Hernadez Greus）被授予阿斯图里亚王子体育奖，以表彰他们两位在双方队伍发生激烈冲突之后，为了让这两支伟大的西班牙球队重修旧好而做出的集体和个人贡献。上述所有球员均年薪数百万，生活无忧无虑，虽然他们的收入可能没有 C 罗高，但是 C 罗并不比他们更快乐。这是为什么？这是因为任何事物都不能取代所有人想感受被爱和得到认可的需求。我们在这本书里没有办法解决的疑问是，在经过梅西连续 4 年称霸的垄断之后，这个渴望已久的奖项是否能够改变葡萄牙人的心情和态度。为了他好，我们希望可以。

我们当然能够轻易地将拉法·纳达尔（Rafa Nadal）的生活方式，对生活的理解，对待竞争和输赢的态度，与 C 罗进行比较，但这并不是我们编写本书的目的。我只想指出，赞扬纳达尔以及所有那些曾在他的职业生涯里帮助过他的人是合理的（也是令人愉悦的），因为这位来自马纳科小镇的网球巨星在所有领域都表现非凡，他工作勤勉，尊重对手，自我要求严格，并且平易近人。而 C 罗显然与纳达尔不一样，他应付媒体显然显得不够"老练"，这就意味着他的一举一动，特别是那些不够积极正面的表现，总是会被别有用心的人过度解读。

这里还有一个近几天发生的案例，而且我肯定它适用于所有顶尖运动员，甚至其他领域的精英，当然也适用于巴塞罗那俱乐部和马德

---

① 西班牙足球运动员。——编者注

里竞技俱乐部的所有球员，或者是某些读者的心头好——哈维·阿隆索（Xabi Alonso）。他是皇家马德里和西班牙国家队的中场队员。在经过很长一段时间对自己未来的迷茫和探索后（当然在此期间也不乏其他球队抛来橄榄枝），他终于宣布自己在未来的两年里将继续留在马德里。阿隆索的案例——我相信在你的工作圈子里肯定也有这样的案例——提醒了我们，金钱并不能代表一切。这里并不是说他的薪资低，毕竟根据媒体报道，他净年薪是 500 万欧元，但是如果他去其他球队，比如曼联或是巴黎圣日耳曼，或许能够赚到这个数字的两倍。他在新闻发布会上解释自己选择留下的原因时所说的话，也适用于我们所有人："我要留在这里，因为我知道这里需要我。"

否认阿隆索的美德，并且说出"看在那笔钱的份上（一年 500 万欧元），我们任何人，包括我和你，都会选择留下"这种话是没有任何意义的，因为这并不是重点。重点是金钱无法脱离任何其他考虑，直接为我们带来幸福。如果超出了某个特定的级别，再多的收入也无法带来更多的幸福，因为还有其他应该考虑到的更重要的事情，比如在工作中获得身边人的喜爱和认可。而且我相信绝大部分读者虽然赚不到我们在这里讨论的天文数字，但是也不会接受被定义为不如顶尖运动员幸福的人。

工作梦想和梦想的工作

在西班牙这样一个在 2013 年 12 月有 590 万失业人口的国家，讨论找到一份工作对于获得幸福的重要性是一件很复杂的事，而且反思需要达到何种条件才能得到一份能够充分满足情感的工作，是有些讽刺的。

但是，这些情况并不是确定的，而是可能发生改变的，而且我相信事情会因为我们所有人的坚持而变得更好。不管怎样，我都希望读到这些话的每个人不会觉得自己被轻视了，或是找工作的困难被忽略了。

事实上，所有的失业状况都隐藏着或是反映着某方面的失败，而当我们讨论西班牙的失业数据时，这个问题其实反映的是全社会的问题。在前文，我们引用了庞塞特对幸福最准确的定义之一，他总是说幸福就是"没有恐惧"，而今天，劳动领域所有的人都充满了恐惧。亲爱的读者，可能你并没有感到害怕，但是统计学给出的事实就是这样。那些有工作的人从来没有感觉如此不安或是不稳定过：例如我们的父母会在我们找到工作时问出的，"是不是安全"或者"是不是铁饭碗"这种话，似乎已经离我们很远了。那些还在找工作的人，会发现要找到一份工作越来越复杂了——工作要求越来越高，工资却越来越低。而由于我们心态积极，我们会认为现在我们已经触及曲线的底部，所以一切才变得这么困难，只要情况好转，一切便会回归到原来的状态。

我们已经知晓，在健康－金钱－爱的三角关系中，金钱对所有年龄段的人群都是最重要的。这一点反映出我们当前所处的危机和复杂情况：事实就是如此。而从那些有工作的人的问卷回答中，我们同样能够看出这种滑向物质深渊的趋势。在人力资源方面处于领先地位的瑞士阿第克（Adecco）公司，于2012年所进行的关于"工作幸福感"的第二次问卷调查显示，在18 800名受访者中，有大约71%的人表示他们更喜欢稳定的工作，而非在工作中寻求幸福感。另外，有67%的人表示虽然他们在工作中并不开心，但是他们不会选择辞职，虽然这个答案会极大地受到被调查者受教育类型和所从事工作的影响，但这些数据仍然具有参考价值。

从上述情况来看，这些答案都是合乎逻辑的，是我们前文所提到的"恐惧"的反映，而其中的原因分为很多种。第一，尽管此项调查具有保密性，但是对于自己的工作怨气太重并不是一个具有可持续性的状态，因为就目前而言，工作是一份稀缺商品。第二，鉴于对所有人来说，背景是现实的投射，当一个人在考虑改变的可能性时，即使只是从心理上考虑，也无法躲开成功率很小的这个事实，或者至少可以说，这件事不会很容易。第三，这个问题将一个有形的因素（工作）和一个无形的因素（是否幸福）联系在了一起，但是在危机期间，我们常常更偏向于"一鸟在手胜过百鸟在林"，或是更加物质化的论调。

然而，西班牙人认为，在决定一份工作是好工作的最重要的三个因素中，并不包括薪资水平。按照这个顺序（相应的评分如各项因素后面的括号内所示），西班牙人所列出和评价的，我们为了在工作中获得幸福所需的前三样东西分别是，工作环境（8.58 分），工作中的稳定性和安全性（8.49 分），以及自我实现的可能性（8.46 分）。如果我们带着某种急于找到相似之处的心态来看待这些因素，这个顺序就会变成"爱"与个人关系，"没有恐惧"以及"情感发展"。事实上，对各个公司的工作条件进行评估并给出建议的咨询公司"理想的工作场所"（Great Place to Work），以其在全球范围的 25 年工作经验指出，我们员工对适合工作的优秀公司的定义是，"在那里，员工信任他们的上司，对公司充满了自豪感，每个人对自己的工作都尽心尽力，并且对工作氛围充满信任"。

研究幸福和工作之间关系的数据体量巨大，但是从逻辑上来说，它们的总体路线是一致的。由此，一个名为"工作"（Trabajando）的门户网站在 2 500 人中进行了关于工作满意度的调查。这里我想强调的是其中的两项评价项目，它们提醒我们金钱不是最终的，即使是在评价一项工作机会时，其分量也会增加到一个令我们不舒服的程度。上述调查的结果如下：西班牙人认为在工作中会让他们感觉到幸福的首要原因是"工作能够让他们激情澎湃"，而让他们感到不满意的首要原因是"工资和合同条款不够好"。这个结论证明了，或者至少支持了以下论点：当我们讨论到全职工作时，与其说金钱是一种激励，不如说它是一种砝码（当然，在相同的条件下，我们所有人还是都希望能够赚得更多），一种当我们感觉不太好的时候，能够用来维持平衡的资源。金钱同样也能在我们收到一份不太具有吸引力的工作邀请时发挥作用（如"虽然不是很喜欢这份工作，但是薪水还不错"），这种作用只是暂时的，尽管能够感觉到总是比没有感觉好。如果感觉不到这种作用，可以看看那位阿根廷银行家的故事：2001 年的金融风暴导致他患上了"职业倦怠综合征"，他从银行获得了 73 万美元的赔偿。

那么是不是有些职业会比其他职业更能让人感到快乐呢？从事某项特定的活动是否更容易让人获得情感上的幸福？提出了这样的问题之后，如果我们要对工作进行分类，我敢肯定，大家的意见都无法避开自己的一些偏见或观点。例如，如果有人问："兽医是一个快乐的职业吗？"那我们给出的意见可能与我们亲近和喜爱动物的程度有很大的关系，据此我们可以确定这份工作对于我们自己是一种享受还是一种折磨。我的观点是，上述案例非常清楚地证明了能够选择一份有使命感的职业的好处，因为那样的话，找到一条自我实现并且享受自己所做的事的路，会让自己的职业生涯变得更纯粹。不是所有的职业都能让人拥有使命感，但是如果你能找到，就不要放过。而如果你不够幸运，也可以尝试在你的工作中找到意义（不管是全部还是部分）。我不想只提到一些特定的例子，因为这种情况导致排他性或误导性的风险非常大，但是，如果我们举一个简单的例子，比如，对于一个成天坐在窗口里面的公务员，只要他感觉自己的工作对其他人或是对社会有用，他就能在工作中感觉到更加快乐。这件事意味着，为我们将投入大部分人生的事情寻找一个目的，而我不认为这个目的可能（或者应该）只是我们所收到的金钱回报。

我所描述的听起来可能更像是一个天真且做作的案例，但是它得到了芝加哥大学及其《关于什么职业是最幸福的》年度研究报告的支持。上述报告中的排名每年都会有一些细微的调整，但始终是以那些结合了使命感和帮助他人的职业为首。2012 年，排在前三位的职业分别是牧师、消防员和理疗师，然后是作家、特殊教育老师、普通教师、艺术家和心理学家。而另一方面，排名倒数的则是 IT 技术经理、销售和市场经理、产品经理、网站开发人员以及技术专家。但这只是一项统计数据，反映的是平均水平，不是说从事排名第二的职业，就意味着失去了获得幸福的资格。

事实上，排名前三的这三种职业均不属于那些最高薪的职业，那么我们很容易理解，从事这些职业的人都有为他人服务的意识，甚至他们所做的一切都与为他人提供便利直接相关，包括精神上的、物质上的和生理上。另一个有趣的角度是，这些工作中没有涉及任何领导层。比如，若消防队长说他很幸福，是因为他本身也是个消防员，不是因为队长这个身份。一个人的领导权，所处的层级结构，可以行使权力的对象人数，所承担的领导责任，都不属于与情感幸福直接相关的参数。

诗人何塞·耶罗（José Hierro）曾经说，如果工资一样，他宁愿做清洁工也不愿做主管，这一点在证明了他伟大的同时，也显示了他的务实（"工资一样"）。但这种选择并不多见，因为竞争意识驱使着我们尝试在自己所属的组织中向上爬；有时候我们总是认为幸福在更高的位置，更接近顶端的地方，但其实这并不是真相。站在这些高度上的人通常聊得更多的是金钱（这一点合乎逻辑），更大的责任和焦虑（来自自身、公司和团队），当然也会产生更多的压力。成为领导并不是一件坏事，而领导也不一定都是坏人，但是，在全世界每年发表的成千上万份研究中，没有任何一项研究能够表明领导比员工活得更幸福。

有这样一句话我认为作为怀疑论者必须要知道：跟一个人最像的永远都是另外一个人。我们每个人都不一样，并且我们也是这么感觉的，但是在内心深处，如果我们多加思考，就会发现，我们总能在别人身上看到与自己最为相似的行为和动机。我们在后文会讲到共情，但是现在我们先把这句话引用到工作领域中：跟一份工作最像的永远都是另一份工作。而要反驳这句话其实也很简单，但是我想做的是为这其中的道理辩护。从这个角度来看，为一条高速公路修建一条隧道，与为病人做阑尾炎手术一样；物理治疗室的医生跟管道工人一样；而足球裁判员跟幼儿园的保育员一样。这样的例子不胜枚举，所以我想请你分析一下一段发生在手机商店经营者与股票市场投资者之间，或是在百货公司补货员与军营士兵之间的对话。从结构上来说，这些对话是一样的，只是用到的名词不一样。换句话说，也为了尝试以不同的方式进行解释，全世界所有学校的所有班级一样的同时（按照通用的模式，学生的"角色"可以分为，勤奋好学的，蛮横无理的，调皮捣蛋的，做班级领导的，被羡慕的，以及妒忌别人的），也是不一样的（班上每一个学生都不一样）。

为什么我要说这些呢？因为你将发现，工作中都是人员、角色、任务和职能的分配，而这些都是以一种非常相似的模式进行的。真正的区别在于你是为自己工作还是在为公司工作，在于如果你是自主工作，从事的是哪个行业？以及如果你受雇于人，你的职级是什么？在工作领域内，首席执行官和他手下负责包裹派送的人之间的相似之处，比这位高管与一位自立门户的律师之间的相似之处要多。而任何一份工作，不管是不是有趣，是不是幸福，在很大程度上取决于你对待这份工作的态度。而且，没有任何一份工作是完美的。

几年前，一份关于"全世界最好的工作"的宣传得到了媒体的广泛传播，其要求是招聘一个人去位于珊瑚礁区域内的澳大利亚自然公园里生活和工作。报名申请的人有数千之众，而最终胜出的是英国人本·索撒尔（Ben Southall），他必须搬到这个宛如世外桃源般的地方去住一年，而与此同时，他还将成为通过社交网络对此地进行宣传的主力。而当一年结束后，他表示非常感谢这次工作机会，也讲述了很多工作中的趣事，但同时也向媒体宣布，这样的日子他不想再经历一次。据他所说，这一年的工作中除了前面经历的这些，他还曾经被水母严重蜇伤，而这份工作也导致他的女朋友跟他分手。翻看媒体报道时，我发现了关于工作的其他描述，听起来十分诱人，但是如果我们有幸能与故事的主人公交谈一下，这种印象肯定会大打折扣，或者至少会发现存在细微差别。一个名叫托米·林奇（Tommy Lynch）的人每年要行走大约 27 000 英里[①]，来测试一家美国大公司主题公园的游乐设施，而一个名叫罗辛·马迪根（Rosin Madigan）的人作为测试一家英国公司生产的定制床的测试员，每个月赚 1 000 英镑[②]，而这家公司的客户包括萨沃伊这样的酒店。这些工作听起来都很有趣，很容易，且收入也很可观，但是等一等，你

[①] 1 英里约合 1.61 千米。——编者注

[②] 1 英镑约合 8.54 元。——编者注

能有这些感觉，是因为你对这些工作有使命感。

使命感对于我们个人在工作中获得幸福十分重要。虽然它不是必不可少的，但是它能够给我们提供额外的满足感，再加上所有其他我们在开展工作时重视的条件（地点、同事、薪资……），而在一些极端情况下，它意味着一种不可替代的情感助力。在 20 世纪初，南极探险家欧内斯特·沙克尔顿（Ernest Shackleton）发布了一份广告，虽然内容短小，但是其以经典的广告语被载入史册。这则登在《泰晤士报》上的小广告是这样写的："招聘船员，钱少，天冷，能体验长达数月不见天日的生活，全程危险无处不在，且是否能够安全返回尚有疑问，但是成功的话能够获得荣誉和认可。"看起来这种描述并不具有吸引力，但是由于他本人的号召力，以及英国人对地理考察的狂热推动，约 5 000 人报名角逐 55 个岗位。最终，这场航行从 1914 年开始，持续超过 2 年，而在此期间，沙克尔顿展现出了他卓越的团队管理能力，当他的船只"耐力号"在南极被冰川困住无法前进时，整个团队成功地在极端的环境下得以生存并获救。这个故事其实值得我们更认真地去阅读和理解，但是在此之前，我们应有这样的意识：决定我们工作表现的动机，不仅仅与物质相关。

我的朋友瓦尔特（Walter）总是为我写的书提供生动的趣闻轶事。有一年的夏天，他跟我说他找到了一份好工作——"神秘顾客"，就是冒充需要某家公司服务的顾客，而实际上他所做的正是替这家公司检验其员工对顾客的服务质量。这是汽车行业的公司分配给瓦尔特的工作，工作范围是整个莱万特沿海地区，从洛塞斯到直布罗陀，并且为他配了一辆车（一辆好车，因为他工作的公司是一家经营豪华品牌汽车的公司）和一把锤子，然后跟他解释了他需要负责的工作：在上午临近中午时，或是下午时，他必须在车上弄出一点儿故障或破坏，然后立即去往经销商那里寻求帮助和解决。之后他需要独自在酒店填写一份非常全面的调查问卷，叙述所发生的一切：店员是否友好？是否要求进行过多或过少的解释？在等待时是否为顾客提供了饮料？是否提出了难以回答的问题？具体是什么？等等。瓦尔特很开心，旅行一个月，所有费用全部报销，包括油费和酒店，按公里数计算津贴，而且没有领导监督，这听起来简直棒呆了。我知道这件事很难让人相信，但是一周之后他就想辞职了，他说自己厌倦了这种绕着圈找经销商，且必须在下午 1:55 或是晚上 7:55 到店的工作了，此前还不得不躲起来敲坏大灯，最后还得拖着一身疲倦，完成比美国宇航局的研究文件更复杂的调查问卷。他最终忍下来了，但也说再也不想重来一遍了。

而要是作为行业先锋，在车库里创建一家公司，然后成为它的董事长和最大的股东，接着成为世界上最富有的人，是不是会好得多呢？简单来说，这就是比尔·盖茨（Bill Gates）的创业经历，他和"隐居幕后"的保罗·艾伦（Paul Allen）并称微软之父，而这家公司在全球拥有 13 万名员工，每年收入达到 200 亿美元。当人们回顾盖茨的前半生时，会惊讶地发现，他的经历与苹果公司创始人和灵魂人物、已故的史蒂夫·乔布斯的一生极其相似：两人都出生于 1955 年，在仅相隔一年的时间里（1975 年和 1976 年），先后在狭小空间内创建了自己的公司。虽然两家公司的愿景不同，但是今时今日，他们的产品成了数百万人日常生活的重要组成部分，而这一点甚至可能连他们自己都没有想到。然而，除了上述经历以外，盖茨还有一种不可思议且十分罕见的神奇能力，即他十分具有远见，而正因如此，我们才在这里聊到他。

盖茨在他 40 岁时已经成了全世界最富有的人，但仅在 5 年以后，他决定开始人生的另一个阶段：他决定辞职，不再继续日复一日地管理他的商业帝国，而是开始思考其他东西，比如他本人以及他的财富，要如何能帮助社会建立一个更好的世界。而我知道的是，就像那些身价千万的足球巨星一样，从你和你所有后代的经济保障来看，"放弃"可以说非常简单，但是你必须继续工作，然后再朝着正确的方向迈进。

2014 年年初，他已经决定从董事长的位置上退下来，并成为一名普通的"技术顾问"（并且保留 6% 的微软股份），然后将精力集中到经营自己在 2008 年创建的基金会上，而该基金会投入国际合作的资金，相当于美国政府在这方面全部投入的 50%。对此，盖茨是这么解释的："我仍然喜欢技术，但是如果我们希望改善自己的生活，我们就应该更多地关注那些最基本的问题，比如儿童生存现状和粮食资源等。"有价值的往往是特例，因为在类似或相近的条件下，不是所有人都会做出这一步。盖茨虽然富可敌国，但是这并不影响他这一决定的价值，尤其是这能提醒我们，在正确价值理解下，金钱就是一种工具，且毫无疑问是我们为求获得幸福所需要的一种方式，但是其无意义的累积并不会为我们提供更大的幸福。不是所有人都能做到这一点，我们也不能每年捐出30 亿美元，但可以确定的是，我们可以，首先是我自己可以，为别人做得更多，可以达到我们为自己做的一样多。

最佳工作地点

在企业管理或是与沟通相关的其他事务中，有一句非常常见的话："好的东西是最好的东西的敌人"，甚至你还有可能听过其他顺序的表达。这句话概括的是一个关于形势的务实看法，并且建立一个关于行事方式的优先顺序：我们首先应该完成目前可以完成的东西，即使知道存在其他（可能更好的）选项。这一点所依据的原理是正确的，可以理解为在面对某种复杂情况的所有可能性中，真正可以选择的那一项会受到各种类型因素的影响。当然，还有一些情况，比如我们现在所讨论的，好的东西和最好的东西不可避免地同时进行的情况，员工的幸福对于公司来说是最好的，但这并不是因为友爱、美学或是利他主义，而是因为这是最有利的。

这一原理可能有些令人惊讶，但是每个人的经验以及各种各样的研究都证明了这一点。西班牙国家队所取得的成就，或是纳尔逊·曼德拉（Nelson Mandela）的人生经历也证明了这一点。我尤其喜欢思考这个近几十年内，全世界最让人钦佩的人，他的经历应该能够为所有那些想要投身公共事业的人提供启发。在他逝世之后，我们看到了各种各样的悼念活动，期间人们总是谈到他的一生，以及引导他的价值观：伟大、模范、包容、领导力等。有些人可能会认为是内在美在引领曼德拉的道路，而在此期间，他所有的姿态都是没有受到那些所谓的政治的恶习所玷污的，是纯洁精神的结晶。这一点是可以肯定的。

我不是说应该把公司变成开展各种娱乐活动的休闲公园或是社交俱乐部，公司应该为工作环境创造必要的气氛，使在那里工作的人能够感受到自己被认可和重视，并且让他们认为公司是有机会让其发展创造力的场所。一位名叫亚历山大·柯尔沃夫（Alexander Kjerulf）的丹麦作家，在其作品中回顾了北欧国家创造"工作的幸福"（arbejdsgloede）一词的过程，并由此解释了乐高和宜家等公司的成功。此外，他还提到了诺基亚以及目前并不在其最佳状态的其他手机厂商，而这一点让我们又回到了怀疑主义的道路上，并且想起了如果采用了错误的管理决策，任何良好的工作环境都无法发挥其本该有的效果。

《经济现状》每年都会公布西班牙最佳雇主的排名，而夺下这个榜单的榜首不仅是一项挑战，也是一项争议巨大的荣誉。首先，鉴于其编排的严谨，这是一项非常可信的奖项；其次，它会成为一个吸引人才的诱因。聪明人会想去最好的地方工作，而这个地方一定具备了良好的物质条件，专业和个人发展的可能性，以及创造积极环境的能力。重要的不是在某一年成为第一（2013 年的最佳雇主是可口可乐），而是能够在所处行业内经常拔得头筹。正如谷歌的一位全球人力资源负责人所说："学习成绩已经不再重要，它的作用仅为帮助你找到第一份工作，接下来你就需要依靠其他的技能了。"公司所提供的物质条件只是最初的诱因，一旦金钱效应失效，还有其他更重要的因素是留住优质员工所需要考虑的。事实上，我在某个地方看到过，一份在美国开展的研究估计，涨薪对于员工的影响只能持续 3 个月。

如果我们有幸能够找到一份工作，那么我们每天将为它花去 8 个小时。虽然目前劳动力市场的特点在于其灵活性，且存在各种类型的雇佣形式，但毫无疑问的是，这一点与我们需要投入的时间密切相关。由此，如果我们希望获得幸福，或是接近这种状态，我们应该试着在工作中找寻，因为如果不能找到，那我们可能难以收获幸福，因为这不仅会影响我们的工作表现，也会将我们的其他时间，甚至我们的生活拖进不幸的泥潭。因此，希望我们都能找到可以让自己幸福的工作，而如果不能，也尽力在我们所做的事情中，以及在我们身边的人身上找到幸福。

不是我们所有人都能够幸运地实现自己童年时期的梦想，比如成为体育明星，尤其是在足球界，但是我们慢慢也接受了这个事实，并且不会因此而放弃享受幸福。如果我们去看看卡西利亚斯、阿隆索、哈维·埃尔南德斯、伊涅斯塔、皮克（Piqué）或者拉莫斯（Ramos）等人的经历，虽然他们算是实现了自己儿时的体育梦想，但也曾在若干个赛季前，因为他们的情感联系、人际关系或是"工作环境"而在即将离开国家队时，滑到了失败的边缘。如果我们放眼其他国家，那些拥有强大运动员的优秀队伍如果不能在其团队中，或是在其"工作"中凝聚起这种优秀的精神，那么除了一地鸡毛他们将不可能成就任何事。

作为多个领域的楷模，文森特·德尔·博斯克（Vicente del Bosque）也非常明白，如果不能重建这些球员的共存环境，那么就无法赢得任何荣誉，因为在球场上，没有什么能够比与"朋友们"一起并肩战斗，感到被支持和帮助时的感觉更好。这些企业就像参与竞技的球队一样，它们应该强过个人，强过各个互不相干的部门，或是本土对手的总和。

对幸福和工作进行如此多的讨论，可能会让我们产生一个错误的理解，就好像这两件事是我们的情感幸福公式中最重要的部分。捍卫"工作是为了活着，而活着并不是为了工作"这个观点并非我的原创，就像很多其他观点一样，爱德华多·庞塞特对该观点进行了尖锐且简单的解释："再严肃的研究也不同意将工作作为幸福的基本来源之一，因为在此之前，还有个人关系，对自己生活的掌控，以及收入水平"等因素。因此，任何有利于建立工作与生活平衡的行为，包括针对男性而言，都有助于员工获得幸福。在这方面，一些公司已经取得了很大的进步，但是仍然还有 70% 的员工表示很难协调这些方面。这一数据让我想起了一个好几次听可口可乐伊比利亚分公司总裁马科斯·德·金托（Marcos de Quinto）先生提过的观点：有时候，公司会因为太想创造一个好的环境，而不惜冒着风险牺牲员工的生活。在建议维持工作和生活的平衡，以及灵活处理工作时间的同时，他们还开始组织一些新潮的"课外"活动

（在非工作时间，表面上是自愿参加，实际上并不是），比如品酒、太极课程等，这就导致员工无法安排空闲时间，陪伴自己的伴侣、家人，或是维持自己的均衡。

一件显而易见的事：任何人都不能像我们自己一样，为了能在工作中获得幸福而付出良多。涨薪这件事只有短暂的效果，有一本名为《内心的脱离》的好书正确地描述了我们与工作之间的关系：如果我们不能在工作中获得满足感，就会变得抽离，直至与工作的关系破裂，于是我们就会变成主要的受害者。这本书的作者是卢特菲·甘杜里（Lotfi El-Ghandouri），他是一位富有创意的原创顾问，但首先也是一位优秀的沟通者，以及思想和热情的创造者。

我强烈建议大家去看看这本书，但是作为一碟小小的开胃菜，我在这里对他书中所提到的，我们与自己所服务的公司或项目的关系的各个阶段进行了归纳和提炼：加入（新进时，对一切都保持开放态度）、妥协（不再占据全部精力，但仍在我们的职能要求的任务范围内）、参与（完成被要求完成的事）、退出（明显后退一步，因为感觉自己是"组织"里的"受害者"因此不再继续工作），以及最后，产生"内心的脱离"，也就是自我放逐，表现为"身在曹营心在汉"，并且非常不快乐。如你所见，这是一个很清晰明确的总结，我们大家都能从各个阶段回忆起自己在工作中所经历过的时刻。但是，除此之外，它还强调一个基本因素：不快乐是我们自己的感觉，它发生于我们的内心，可能是由真实或想象的原因造成的，但它是由我们的主观情绪所孵化出来的。因此，只有我们自己才能拔掉这根刺。但不是只凭借我们内心的力量，或是通过冥想，才能改变造成自己不快乐的条件。我想说的是，为了能够改变包括物质在内的事物，我们应该主动采取行动。

这条路描述起来很简单，可是实践起来却比较复杂，鉴于主动脱离的是我们自己，它还涉及从专业角度"重新承认"自己。首先，我们要重新评估自己的能力，重拾信心。其次，要重新建立与自己的联系，跟自己妥协，然后重新找到对工作的兴趣。最后，我们需要恢复沟通，"重新建立对话"，当我们完成了以上所有步骤，最后就是走出所谓的"舒适圈"，并且重拾为自己设定的目标，以此感受到我们还活着。

成功永远不是终点

标题的这句话应该被刻在所有当下流行的商业、经济、行政管理学院，以及西班牙所有成功的商学院的大门上。当然，也应该刻在每个怀疑论者的脑子里。事实上，这句话与西班牙学者杰弗里·帕克（Geoffrey Parker）所撰写的，关于菲利普二世的作品标题一致。

除了引起你阅读和研究历史的兴趣以外，这句话所蕴含的意义还使我们能够进行一些反思，如关于我们现在所讨论的物质财富，工作，以及为了让自己感觉好一点儿的自我认可。职业生涯并不是一条直线上升的道路。我不会说它绝对不是，因为可能你就是这样的幸运儿。但是经验和统计数据告诉我们，在漫长的历史洪流中，在我们身边的朋友圈里，甚至是在我们自己的人生中，职业生涯的图像就像是起起伏伏的股市交易图表一样。另外我还想补充的是，在大部分情况下，它的衰退期都不会像上升期那样明显，因此，从长远来看，人们的职业发展最终会趋于一种积极的平衡，因为从逻辑上来说，我们的工作表现会让我们的职业发展水平在结束时比开始时略高一些。

我记得一家大银行的前任首席执行官在其离职时说过，我们必须准备好舍弃那些从来不属于我们的，而是属于这个职位的锦衣华服。而我知道，如果我们用这种说法来讨论足球运动员可能会遭到反对，但是，如果我们能获得这种级别的银行家可能享受到的薪资和退休待遇，我们也能做出这种优雅的声明。然而，这并不意味着这种思维是无效的，那些拥有所谓的"成功人士"头衔的人，只能从他们所处的地位和能够享受的社会特权处得到收益，而当他们失去这种地位时，这些泡沫就会破灭，然后传递给他们的继任者。在政府机构的领导、部长，成功的运动员，当然还有艺术家，以及那些曾在某个特定时期享受过名声带来的声色犬马的人中间，这一点是众所周知的。

想想所有那些曾让你欢欣鼓舞或是晕头转向的艺术家们，再想想他们现在成了什么。也许你不知道，也不关心（但这并不妨碍你的好奇心）。他们中的相当一部分人现在主要的工作，是在那些"×××现在怎么样了"等话题的启发下制作播出的报道或电视节目中当嘉宾。

我们最后希望去哪里呢？在某个工作岗位或是由职业生涯所提供的糟粕、虚荣或是特权中寻找幸福，不管这项工作有多重要，这都是不明智的。因为迟早有一天，我们都会成为养老金的领取者，并收到来自我们继任者的关注，且这些关注与我们给予自己前辈的关注一样。

我希望不会有人将这段话理解为虚无主义、无欲无求或是绝对的大而化之。情感幸福的关键之处在于设定目标并努力实现它们，尽力获得某种结果，并为此付出时间、精力和智慧。这一点在个人和职业层面上都是有效的，而这也是我们现在所讨论的。但是我想澄清的是，我们所说的设定"目标"，并不是必须将目标设定在当上高官并以此获得幸福上。当我们到了一定年龄，就能明白这些事。但如果你不赞成这个观点，就来回答一下这个问题：你认为你的"老板"比你更快乐吗（不管是哪个级别的老板）？或者，你认为你的"老板"必须比你更幸福吗？（以此类推至最高领导。）

我认为我们的程序设定就是为了竞争，因为这是进化过程的一大特征：我们必须通过与他人争夺资源来获取生存优势。首先，我们与自然界竞争，然后与疾病竞争，最后相互竞争，以求繁衍生息。我们为更好的资源、更美味的食物，或是更好的风景竞争。我们作为物种的竞争力是如此之大，以至于自行制定了游戏规则，以继续满足竞争需求，并且满足自己成为赢家的欲望，不管是直接获胜（比如周末的足球比赛或是纸牌游戏），还是通过我们投射到他人或是其他象征形象上的情感获胜（比如西班牙国家队，我们热爱的主队，或是我们童年的母校）。我们与他人竞争，从邻居到邻国；通过打破纪录或是设定目标，我们也与自己竞争。于是问题就来了，我们只有取得胜利才能获得幸福吗？赢的一方是不是总是更幸福呢？

这个问题的答案对任何人都是合乎逻辑的：看情况。而且只有这一个答案。我们可以合理地认为，如果将问题落到某个确切的竞争时刻，就在宣布奖项花落谁家（"获胜的是……"）或者在比赛结果揭晓（"对手的最后一次进攻出界了"）的那一刻，如愿以偿的那个人总是比落空的那个更幸福。我们最终做到了！但是，正如本节标题所述，成功永远不是终点，在这个高光点过去之后，大脑将开始重新校准我们收获的重要性，复盘我们是如何做到的，其中付出了哪些努力，以及这些收获是否能够补偿我们的付出。

不管在生命的哪个阶段，在比赛中最好的结果就是实现期望与收获之间的调和。到了最后，赢家可能并没有第二名那么开心，这是为什么？也许是因为胜者可能从一开始就知道自己能赢，但是他的目标是打破纪录，但最终并没有实现。与此用时，第二名却欣喜若狂，因为也许他的期望只是在乐观情况下能够获得第四，而第二名的成绩已经远远超出了这个期望。我们大家都看过这种情况：在经过半决赛、决赛和三四名决赛之后，获得第三名的队伍可能比第二名更高兴。原因很简单：要获得铜牌需要在第三四名决赛中取胜，但是银牌在人们的印象里却代表着决赛的失利（至少在决赛结束后的前几天内是如此）。因此，重要的是以清醒的方式确定我们的目标（基于真实且合理的因素），然后全力以赴去实现它，最后，试着像吉卜林在诗歌《如果》中所说的那样："如果你坦然面对胜利和灾难，对虚渺的胜负荣辱心怀坦荡。"[①] 有的事情，说起来容易，确实让人觉得充满着智慧和诗意，但是要想做到却很困难。

获得一颗米其林评星，或是为你的星级餐厅再提升一颗星，是全世界成千上万的厨师梦寐以求的事情。获得米其林评星是对餐厅品质的一种认可，对餐厅而言也是一件有力的营销武器，和一项值得同行们羡慕的荣誉。这件事的好处众所周知，甚至我可以将它作为反例，帮助我们理解：获奖对我们的幸福意味着什么，哪怕是那些最知名的奖项，都可以对其进行重新定义。

不管是在西班牙还是其他国家，那些经过多年不懈努力，能够在米其林推荐榜上赫赫有名的厨师却逐渐放弃了他们的评星荣誉，甚至有些还是以非常戏剧性的方式放弃的（当然与此同时，仍旧有很多人因为得

———————————

[①] 出自诺贝尔文学奖得主，英国诗人拉迪亚德·吉卜林（Rudyard Kipling）的 *If*，原文：If you can meet with Triumph and Disaster/And treat those two impostors just the same.

到评级而感到开心或是获得媒体的追捧，这些都无可厚非）。值得注意的是，使这些星厨放弃的并不是达不到那些苛刻要求的挫败感，恰恰相反，他们费尽心思获得了这项成就，但是在实现之后却发现，这件事并不能为他们提供期望的满足感。"我期待的成功是能够把邻居们吸引过来。"厨师米格尔·鲁伊斯（Miquel Ruiz）对《国家报》这样说道。他在莫莱拉（Moraira）向日葵餐厅当主厨时，曾获得了米其林二星，并且在自立门户之后又获得了一颗星，但是现在他决定放弃这些星级评价，转而寻找其他的成功模式，因为"我想改变我的生活，想获得快乐，而不是那些复杂的东西"。

这并不是一个关于放弃的寓言故事，因为狐狸吃不到葡萄说葡萄酸的故事已经警告过我们，不能鄙视那些自己得不到的东西。而我的意图刚好相反：我想提醒大家的是，成功、胜利或是实现目标对于我们获得幸福的重要程度，取决于我们对它们的重视程度，而非其他原因。了解了"成就越大越幸福"这个等式的成立条件之后，我们每个人都应该珍惜自己所付出的努力以及由此所带来的后果。

有一些关于戈雅奖 ① 提名者的评论给我们提供了一个例子，说明了获得关注是获得"最佳"的最重要的前提。这是一种非常典型的西班牙式情景：当我写作这段内容时，西班牙电影界最重要的奖项已经揭晓，而按照美国人的宣布模式，在此之前首先公布的是各奖项的提名人选。有一个人以提名者的身份接受了电视采访，并且收到了祝贺，因为得到提名就意味着得到了认可。在采访即将结束时，他被问到了这样一

---

① 西班牙电影戈雅奖（Goya Awards）是由西班牙艺术与电影科学学院颁发的电影类奖项，以西班牙艺术大师弗朗西斯科·戈雅（Francisco Goya）的名字命名。

个问题："如果你最终落选了，会怎么做？"这位机智的受访者反应迅速："我不会失去任何东西；得到提名已经为我赢得了荣誉，现在只是看我还能不能再赢得更多一些，但是我不会再失去什么了。"虽然我们大概率是不可能参与戈雅奖角逐的，但是我们也经历过类似的情况，例如，当我们渴望赢得某个岗位时，不管是通过公司内部晋升还是通过跳槽，能够进入遴选程序就很不错了，因为这意味着我们掌握了主动，并且得到了认可。但如果最后我们并没能赢过其他人，那么也不应该觉得自己是失败者，因为这样对我们既不公平也没有好处。当然，如果我们赢得了这份工作，也不应该把别人视为失败者。

可以肯定的是，我们所能取得的最大成就，更多地与情感有关，而不是与物质有关。为了解释这一点，我们来看一个非常贴切的例子。2009 年诺贝尔化学奖得主，杰出女性代表阿达·尤纳斯（Ada Yonath）是这样评价自己的："我获得的最大的奖项是年度最佳祖母。"这个奖项的颁奖者是她的孙女诺雅（Noa）。我敢肯定她这个说法千真万确，而且此番感言的出发点肯定与她的家庭角色无关，只是得益于她的高智商。

佩德罗·J.（Pedro J.），作为全西班牙家喻户晓的人物，我们甚至不用提到他的姓氏，大家就能知道是谁。作为《世界报》的前任总编，他不仅亲手创办了《世界报》，还让它成为西班牙全民的重要新闻参考源，而且我相信他的继任者，卡西米罗·加西亚·阿巴迪略（Casimiro García Abadillo）肯定知道应该如何保持这一地位。然而，尽管我本人非常欣赏他，但这本书毕竟不是关于传媒的，而是关于情感的，所以我提到这件事是因为它能够帮助我们理解我对成功的怀疑主义观点。佩德罗本人非常强势，影响力巨大，能够同时在行政、立法和司法等部门行使"第四项权力"，而他本人和他的记者团队俨然自成一派。在任何对于西班牙过去 25 年发展历史的总结中，都不能绕开他的名字［当然还有其他的记者，比如胡安·路易斯·塞布里亚，伊纳基·加维隆多（Iñaki Gabilondo）］。好吧，即使是佩德罗·J. 这样能获得众多支持且很少被诋毁的人，也会有权杖从自己手中跌落易主的时刻。我忍不住想要转载他在卸任时发表的一段话——如果能够由他自己决定，他永远也不会离开《世界报》总编的位置。而原因就像前文已经说过很多次的一样，我们的基本需求一旦在一个舒适的范围内得到了满足，那么就没有什么能够比做自己喜欢的事更让我们感到幸福的了。

一天，博斯克讲述了一件趣事，这件事完美地论证了"即使对于那些富人，幸福也不在于金钱"这一观点。当时我俩一起出席了一场儿童足球锦标赛的发布会，在场的还有一群知名的前足球运动员，我们谈话的主题是，当他们远离名利、被关注和所有这些东西之后，是如何适应普通人的生活的。其中一位球员开始谈论自己是在什么时候决定退役的，这时，一直礼貌地听着他说话的博斯克笑着打断了他，并说出了一句西塞罗式的话："你永远不会想从足球界退役，但总有人会让你退役的。"所以，我们的结论是，好好享受你的工作，但同时也做好准备，因为某一天你会被要求退休；你有可能会被要求从公司、岗位和职级上退下来，但是没有人能够让你从真实的自我中退出来。

吸取别人的教训

不管是在公共领域还是个人领域，我们都正在经历艰难的危机时期，经历着物质和情感双方面的重新调整。在享受了多年的金融发展红利和不计其数的信贷便利之后，现在，我们来到了天平的另一端，尽管目前看起来，这得益于我们每个人的努力，让我们走上了寻求平衡的道路。但是，我们面前还摆着成百上千个案例，让我们从中汲取教训，并且向那些热衷于累积物质财富的人们提出忠告：拥有这些物质财富，并不一定能带来幸福。

我不打算提及任何一件西班牙司法系统已经公开调查的案子。原因有两个：第一，列出这些案件就相当于预先做出了判断，或者至少是为我预设了立场；第二，只列出这些案子，而忽略一些数月来经常霸占报纸头版的案子，可能会被解读为我的偏见。当然，我对于这些大众已知的腐败案例有着自己的看法，而且也不乏偏见，但是，让我们把这些问题留给那些更权威的专家去讨论吧。我想做的只是向读者抛出这样一个问题：你是否会因为他们更加富有而认为这些人比你更幸福？在我看来，对于他们陷入这种境地的悔恨我一点儿都不感到怀疑，而且可以肯定的是，如果有可能，他们一定希望时光能够倒流，在那个他们被"钱越多越幸福"的幻觉冲昏头脑的时刻悬崖勒马。

鉴于当前时局混乱不堪，我要澄清一下，我想到的案例是伯纳德·麦道夫（Bernard Madoff），美国投资界曾经的"精神导师"和"大明星"，关于他所设骗局的种种信息都被记录在案，而他本人也作为美国历史上最大的诈骗犯被人记住。他创下了被判入狱刑期最高的纪录，尤其是与西班牙的司法程序相比，他因为利用古老的"庞氏骗局"[①]诈骗500亿美元而被判入狱150年！又一次，人们幡然醒悟时发现为时已晚，但是我们可以从他身上吸取一些教训："我对造成如此巨大的痛苦

---

① 一种金字塔式的骗局，以高额利息诱惑投资者加入，并且在其不知情的情况下，以其支付的本金支付利息，直至泡沫破灭。

和折磨负有责任，我很煎熬，也很清楚我所造成的痛苦。我给我的家庭和后代留下的是耻辱。"也许只有钱才能弥补现在这些状况，但是他已经没有钱了，所以，在你想走捷径累积财富之前，一定要想清楚要付出的代价。

在本书开头的几个章节里我们曾经提到一些对于维克多·弗兰克尔的《生命的探问》一书的思考，而世界泳坛最重要的人物之一，澳大利亚人伊恩·索普（Ian Thorpe）的故事让我再次想起了这些。索普曾获得 5 枚奥运金牌和 11 次世锦赛冠军，他的第一个国际冠军是在 14 岁时获得的，自那时起，他就成为澳大利亚的一位巨星。可以这么说，他之于澳大利亚人，就像纳达尔之于西班牙人。现在，他再次出现在了全球媒体的视线中：他因为在深夜试图闯入邻居的车，而在街头被警方逮捕，并首次承认自己深陷抑郁症的困扰。他的问题不是经济问题也不是健康问题，甚至不是公众认可的问题，因为即使在退役之后他仍旧是人们的偶像。他在 2012 年出版的自传中承认，自己的问题在于，结束每天以长时间高强度训练和比赛度日的规律生活之后，他找不到适应普通人生活的方法。我相信，当这本书问世时，索普一定已经解决了自己的问题，或者找到了解决的途径，但是我们应该把这件事作为警醒：幸福是一种由内而外产生的情感。而在深刻程度方面，相较于下面这个问题的答案，任何经济或物质条件都只是锦上添花：你对自己的生活满意吗？

被混淆的价值和价格

我们已经花了大量篇幅来讨论金钱之于人们生活的意义，但是尚未对它进行任何深入分析，以揭开它的神秘面纱。人们通常将物质财富理解为有形资产，即能够摸到、计量或称重的实物，并且具有区别于其他物质的意义或特征的东西。换句话说，我们几乎习惯了将"物质主义者"作为热衷于累积财富，并且只看重这些东西的囤积者的同义词。我们在讨论银行、企业和股票市场时，认为它们的运作模式也是物质的。我们认为（或者可以认为），既然物品（房子、车子、股票、西红柿等）都有价格，我们可以据此对它们进行兴趣、重要性以及对幸福的贡献程度等方面的排名，但事实并不能按常理操作。比如，有的房子可能比其他的都贵，但我们可以确定的是，没有任何一套房子能够让它里面的居住者比住在其他房子里感受到更多的快乐。

当我们讨论"金钱"时，我们所说的关于主观性、感知和感觉的一切都特别有效，因为这个名词下包含的是物质财富。马查多（Machado）写过，混淆价值和价格是一件愚蠢的事，这其中一方面是针对某种商品或服务所确定的价格，另一方面则指的是这件商品或服务所具有的价值。这似乎是个机敏的文字游戏，而即使是这样，它也提醒了我们，所有人的观点都不一样，相同的物品，即使价格相同，也并不能为所有人提供相同的价值，原因很简单："价值"在于每个个体对这件商品的重视程度，而不在于商品本身。

现在，我摘录一下瑞士数学家丹尼尔·伯努利（Daniel Bernoulli）在18世纪对这个问题产生的思考，以证实即使技术已经日新月异，但人类的关注和思考并没有发生太大的变化："商品的价格取决于商品本身，并且对于每个人来说都是一样的；其能够提供的便利性（也就是我们所说的价值）则取决于人们计算的场景"。这个理论无可争议，且不仅适用于物品，也适用于对金钱本身的态度。伯努利的解释十分清楚：

"那么，毫无疑问，1 000 个金币的收益对于一个贫民比对于一个富人更有意义，即使他俩得到的数量是相同的。"然而，现在的情况远比简单的相对财富复杂得多，如果这个例子里面的富人需要花钱支付保释金，以免除牢狱之灾，那么这笔钱赋予他的价值就会更大，即使是相对于财务能力更弱的人。我们来总结一下伯努利的观点：早在 1783 年，他就已经预测到，每一枚新赚到的钱币所能提供的"幸福"（伯努利选择的词是"效用"），都比上一枚所提供的少，而这种"价值"取决于这个人所拥有的总财富，所以，一个人拥有的财富越多，那么每一笔新的收入所能带来的效用就越少。由此可见，太阳底下无新事。

我们都知道，从统计学角度来看，一个年收入 6 万欧元的人所声称的幸福感，会高于一个年收入 1 万欧元的；而同样从统计学角度来看，一个年薪 300 万欧元的人并不一定就比年薪 30 万欧元的人更幸福。在此之前我们已经讨论过这些悖论，现在让我们更进一步。如果我们知道一旦超过既有的水平，再多的钱也不会转化为更多的情感幸福，而我们所寻求的就是达到这个水平，那么我们可能会认为在我们的职业生涯中存在一个一切发展都将停滞的时刻，到达这个时间点之后，在工作上付出再大努力都不会体验到更多的幸福。在发达国家，工作越来越多，劳动时间也就越来越长，并且为了取得职业生涯的进步经常需要牺牲一些其他东西。这种"荒诞"的行为并不新鲜，理论家们也没有深陷其中并试图为其找到一个解释。《撞上快乐》的作者丹尼尔·吉尔伯特曾在书中提到经济学之父亚当·斯密（Adam Smith）在 1776 年说过的一段话："人类对食物的欲望受限于自己狭小的胃容量；但是对舒适生活、光鲜衣饰或是家具用品的欲望似乎没有任何边界限制。"亚当·斯密总结道，正是这种永无止境的追求，使得经济向前发展，国家向前进步。

　　为了推广其理论，丹尼尔·吉尔伯特采用了这一结论：事实上我们都知道金钱并不能带来幸福，但我们的行为却与之相悖，因为我们生活在一种由社会（人类）创造和复制的集体幻觉中，并且认为这样能保证社会的进步。这个观点让人摸不着头脑，也不太能得到认同。

　　为什么我们都表现得好像获得物质财富就能够让我们感到获得幸福呢？根据吉尔伯特的说法，这是因为这一观点口口相传、代代相传，所以我们就慢慢接受了。现在的情况是，我们已经到了一个较为发达的阶段，此时我们意识到可能自己并不是那么需要金钱，因为我们的累积已经超过了我们可能的需要，而幸福并不存在于我们拥挤的衣柜里。

　　我可以确定的是，如果我们的房子遭遇了火灾、洪水或是地震，而我们只能救下很少的物品，这其中肯定会有我们的相册，而且相关研究也证实了这一点。有些东西的价格并不高，但是它对于我们每一个人的价值却是不可估量的。

不可理喻的理智

　　在试图推翻金钱使我们快乐这一普遍存在的观念时，我放在最后的一个或一组观点，是关于我们的不理性。如果我们是理性的，为什么我们要将一个根本不知道是什么的东西看得高于一切呢？我们确实不知道钱是什么，或者它至少不是我们所有人所"知道"的那样，更别说我们对相同数量的钱所赋予的价值了。我们认为价值与价格之间存在区别，同一样东西对于我们每一个人的价值是不一样的，而价格则是一样的。但是这并不像看起来这么简单。我们来看几个肯定能帮助你理解这一点的例子吧。

　　消费者营销学中大部分是通过对商品进行处理，来获得消费者的最佳反应的。以最常见的情况为例，商家将商品价格定为 *.99 欧元或是 *.90 欧元并不是巧合，因为这样会让价格始终处于一个特定的阈值以下，即使我们只能节省所谓的 0.01 欧元，这也会让我们做出购买的决定。然而，你可以仔细回忆，掉在路边的 1 分钱会有人愿意弯腰捡起来吗？货币带给人的价值是一样的，但是我们以不同方式面对同等数量货币时的表现并不相同。

　　消费者们会采用某几种类似商品作为加入购物车的参考，而分销商们也注意到了这一点，因此他们会为了将一根面包或是一升牛奶的价格降低几分钱而绞尽脑汁，而我们作为买家在各家超市中选择时也会考虑到这一点（虽然你有可能不会这么做，但市场调研报告就是这么说的）。但如果我们要去买一辆汽车或是一台电视机，就不会因为能够节约 200~300 欧元而动摇。在这里起作用的就是所谓的"锚定效应"的变体之一，由于这 200~300 欧元与我们计划的总预算相比并不算太多，所以我们就会选择忽略它们。虽然在买下一处房产时，200~300 欧元似乎对我们无足轻重，但是在第二天去买面包时，我们还是会试图节省每一毛钱。这就是我们，在面对金钱时"表现出的不可理喻的理智"。

　　我们还可以看看这种情况：我们对属于自己的东西所赋予的价值，总是比我们所认为的，别人所拥有财产的价值高。这种情况我们要分析的话，其实是荒谬的，但是其中却显示出深刻的人性。在一项由一所美国大学开展的著名研究中，研究人员要求学生判断某个物品的价值，比如说一台榨汁机。我不太记得他们所给出的平均价格，但是那个数字并不高。有趣的是，几天后，作为促销礼品，他们给所有学生都发了一个同样的榨汁机，让他们带回家使用。第二天，这些学生被问及愿意以什么价格出售这台机器时，惊喜出现了：每个人给出的价格都比上一次高。这里面有什么客观原因吗？没有，但是作为人类，所有属于我们的一切，都因为它们属于我们这件事，而使其价值变高了，而不是从逻辑上来说，作为"二手货"应该更不值钱。

或者我们来看看收益期望是如何向我们隐藏了事物的实际价值的，以及我们是如何准备好支付贵得离谱或只是单纯荒谬的价格的。我说的不是我们最近经历过的房地产泡沫，或者是我们在股票市场上经历过的其他任何类似形式的泡沫。我说的是支配所有种类市场的"情绪化"，它表现的是集体经济行为的非理性。而这种行为方式并不是最近才有的，甚至不是由复杂的金融工具所挑起的（虽然这些金融工具加速了罪恶的发生，但是并不是由它们造成的那些罪恶）。早在 17 世纪我们就有了新闻业，记录了那场家喻户晓且震惊全世界的郁金香泡沫危机。关于这件事我们不多做展开，只简单地进行下总结：郁金香球茎在荷兰就是财富的代名词，而拥有它们是一种身份的象征。于是，在利益驱使下，郁金香价格不断攀升，并且开始出现了期货合同（即使是在那个时期），期间投资者需要以越来越高的价格买下一场收成的球茎，使得一颗球茎的价格攀升至了与一辆马车外加四匹马相当的价格。这段描述来自经济学家约翰·肯尼斯·加尔布雷思（John Kenneth Galbraith）的著作《金融狂热简史》（*A Short History of Financial Euphoria*）。甚至有报道称，有人以数公顷的土地来交换一个万恶的郁金香芽。当然，这种情况不可能长久。1637 年，这座纸牌屋突然崩塌，瞬间尸横遍野。通过对这段历史的透彻研究，我们得以确定"泡沫"产生的方式：每隔几年它们就会不可避免地再次出现，因为每当涉及金钱，我们从来不能保持理性的行动。或者换句话说，我们从未吸取教训。

正如伦敦大学学院的一篇论文所述，我们的偏见以及大脑被格式化的形式，对我们产生了极大的限制，即使是在讨论像金钱这种明确且易于衡量的东西时也会产生限制。该研究机构召集了一群人，并向他们发出提问："如果有人给你 50 英镑，你会选择保留 20 英镑还是丢失 30 英镑？"如你所见，这两件事是一样的：一个是比较积极的，专注于你"留住"了什么；而另一个则比较消极，重点在于你失去了什么。但是绝大多数人选择的是第一个选项，因为我们的内心偏向于选择积极的选项，而另一个选择看起来明显更糟糕一些。因此，如你所见，我们如何处理与钱相关的问题比钱本身更重要，所以，如果我们能够更为明智地处理自己与金钱的关系，我们将更容易接近幸福，这一点虽然不是情感幸福的充分条件，但是很必要。

El mono

feliz

第八章

生命中最重要的三件事之一：爱

Descubre cómo la ciencia
explica nuestras emociones

　　在我们专门讨论以博莱罗舞曲引出的三部曲——健康、金钱和爱——的这三个章节中，爱所对应的最后这个部分是我认为最难着手的一章。也许是因为这部分作为这一系列的压轴，除了热情、能量和动力都已近耗尽，但是我并不相信这一点。这可能更多的与这样一个事实相关：在公共场合谈论爱会让人感觉有些尴尬，而陷入老套情节和容易感伤会让人感觉羞于启齿。因此，最好就是明确指出这并不是关于浪漫或是关于浪漫主义的思考，以及它们对我们内心平衡的重要性。就像我们把"金钱"当作物质的同义词一样，在接下来的部分，"爱"这个词想表达的是那种我们与他人、与物品、与自然，甚至是与我们自己之间建立的，无形且不可或缺的联系。

　　这是我们接近爱时，它所呈现出的第一个悖论。我们认为爱是一种无形的感觉，很难进行定义、计量或校准，即使它具有真实且深刻的生理基础。有一首来自 20 世纪 70 年代，名叫《爱无所不在》（*Love is in the air*）的老歌，但真实情况并非如歌曲名字表面的意思一样。或许这有可能是真的，我们是能够感知到的，但这出于一种内心的暗示，因为爱存在于大脑中，存在于在面对某些特定刺激、人、记忆等状况时，甚至是在面对所支持球队的代表色时，所建立的神经连接中。尽管没有人喜欢这样定义爱，但是如果没有那种发生在大脑中的某些特定的神经元之间的，连续的微电子放电、化学反应和神经递质分离，我们就没办法知道什么是爱。

第二个悖论是，在面对这种感觉以及表达这种感觉时，我们所有人都认为自己是独一无二的。与我们同在的个人意识总是回避比较，而鉴于我们都带着偏见，总是认为自己的一切都处于平均水平以上，认为没有人能像我们一样感受爱，不管是强度还是投入度都不会一样。但事实并非如此，因为"爱"这种感觉并不专属于特定的人，相反，它属于所有人，是人类与生俱来的感觉。一个人只要没有严重缺陷，就能够感受到他人的爱意。那些没有这种感觉的人，要么就是存在某种生理功能障碍，要么就是受过伤，或者是直接处于某种精神病态或是其他心理疾病状态中。你想想看，爱不是一项你独有的个人天赋，而出于某种原因，这种感觉一直是人类代代相传的进化优势。所有人都有爱，都"会爱"。而为了贴近这章的标题，接下来我们每个人将选择一下自己会把这种冲动施加于何处。

镜映动物

当我们描述大脑的层叠结构时，我们就已经描述过，它是作为一个整体进行工作的，其中的三个部分以一种非常有趣的形式相互连接，而第二个区域，也就是所谓的"边缘系统"，我们人类与所有的哺乳动物都一样。更准确地说，是生命在地球上的各个进化阶段中，存在某个将哺乳类动物与爬行动物区分开来的时刻。应该记住的是，达尔文曾经说，地球上所有的生命都有一个共同的祖先，然后从这个主干上分出了种属。简单来说，哺乳动物属于温血类，长有毛发而非羽毛或是鳞片，不通过产卵来进行繁殖（需要产卵的是爬行类动物、鱼类和鸟类），他们通过胎生，也就是由雌性在子宫内孕育幼崽。所有这些生理变化会带来大脑结构上的变化，帮助大脑实现进化的飞跃，使哺乳动物除了生存、攻击和逃跑，还发展出其他与照顾后代相关的技能。

因此，爱具有寻求物种生存保障的生物学（进化）根基。虽然我们每天能看到几十部关于珍稀动物的纪录片，但其中并没有关于蟒蛇或者鳄鱼与其后代之间的亲情案例。我想说的是，爬行动物也有一个标准程序来延续自己的种群，是通过产卵、养育后代来实现的，而且相信它们在不给后代任何关心的情况下，也有一定比例可以存活下来。这不是一本关于自然科学的书籍，但这种模式与鱼类是相同的，而鸟类的行为更接近于哺乳类动物，因为它们也会照顾和喂养后代，这是鸟类能够得以生存的原因之一。

回到哺乳动物的部分，我们还发现了一些动物案例，比如一些啮齿类动物，一旦它们出现营养不良的情况，就会毫不犹豫地牺牲自己的幼崽。但这不过是马尔萨斯①（Malthus）理论的应用（这一理论启发了达尔文），他告诉我们适者才能生存。母亲淘汰一部分后代是为了减少需

---

① 英国人口学家、政治经济学家，提出了"马尔萨斯人口论"，即人类必须控制人口的增长。——编者注

要喂养的幼崽数量，从而增加其他后代的存活概率。这就是为了集体而牺牲，且如果情况危及了母亲的口粮，它甚至可以消灭所有的后代，因为它"知道"这样才能让自己生存下去，并且有机会再次拥有后代（这一情况在啮齿类动物中是极为常见的）。

边缘系统将母性本能纳入哺乳动物的行为中，也就是对其幼崽的照顾和喂养，以及针对捕食者的防御，而且这种本能的发展反过来又塑造了我们的大脑，并且将本能提升到了感觉的范畴。认不出自己孩子的哺乳动物是不存在的，即使孩子不是从其母亲的子宫里生出来的。丑小鸭的故事（被鸭子收养的天鹅）在自然界其实并不少见。显然，从子宫出生的幼崽毫无疑问是这种动物的后代，但是当母亲还没从分娩的痛楚中恢复过来，只能通过嗅觉"识别"出自己的孩子时，如果它发现了另一窝或是另一个物种的幼崽，则有可能相信这也是其家族的成员之一。所以，我们哺乳动物所携带的本能是多么强烈啊！说到气味，幼崽们正是通过这种方式才能第一时间认出它们的父母。嗅觉器官是最古老的感官，是与古脑联系最紧密的感官，也是最容易被唤起的感官，甚至都不需要达到马塞尔·普鲁斯特描写的闻到松饼的气味那样的极端。[1]

动物知道什么是爱吗？我对于这个问题持开放态度，但是恐怕它们确实是不知道的。事实上，根据进化之路的历程，接近智人的那些哺乳动物，比如大象、鲸、海豚、狗，当然还有灵长类动物，都有让我们惊讶或是疑惑的行为。一些大型类人猿甚至能够拥有自我意识，这是实现

---

[1]　马塞尔·普鲁斯特在小说《追忆似水年华》中写道："闻到被红茶浸泡过的松饼的气味，突然间，距今为止我所有的人生记忆都清晰地浮现在脑海中。"作者引用这个例子来说明嗅觉和记忆的密切关系。——编者注

感觉的必要一步，也是一种对于群体内社交关系的复杂视角，它会随着支配、恐惧、领导，或是对他人的关怀（不总是出现），这类非常接近于我们所能够理解为感觉的行为而发生变化，但要因此就说它们知道什么是爱，我认为还是太牵强了。实际上这就是人类实现的进化飞跃，这一点让我们与众不同，并且将简单的本能转化为情感，并加以完善。

2014 年年初，英国广播公司（BBC）曾播放过一部关于海豚的纪录片，它拍摄于莫桑比克，并由此改变了哺乳动物的等级顺序，将可爱的海豚排在了进化等级的第二位，甚至超过了黑猩猩。我们都知道，排名的变化总是会引发讨论，但是重点在于电视上所播出的内容。这部片子讲述了海豚拥有一种原始的语言，能够让它们通过口哨声或是相关符号进行沟通。芝加哥大学的一项研究表明，海豚可以记住自己族群里的成员，并且其发出的口哨声是有特点和规律的；另外，还有一些研究称，所有的海豚都拥有一位它们自己的"最好的朋友"，能够在它们遇到危险或是分娩的时候给予它们帮助。而《世界报》在此情况下给出的，博人眼球的标题则是《它们（海豚）也会献花》，由此使这个物种的象征性更接近浪漫的爱情主题。

我不认为它们能够做到这个地步，虽然与田鼠的求爱行为相比，海豚的行为确实显得更加浪漫。大脑发育允许且有利于我们拥有更加复杂的关系和刺激－响应系统，而那些不太发达的动物则通过空气交换信息素然后进行交配，之后这种行为慢慢变得复杂，直到它们能够一起欣赏浪漫的日落（虽然那些信息素依旧存在，我们不能自欺欺人）。在所有的物种身上我们都发现其复杂的求偶方式，比如改变颜色，跳求偶舞，炫耀羽毛，低吟浅唱，或是昂首挺胸；问题是所有的动物都能感觉到的繁殖本能，与我们尝试讨好伴侣的行为之间，是存在一定区别的。大猩猩捶打自己的胸口，是为了展示力量和领导力，甚至可能还为了展示保护母猩猩以及小黑猩猩不受威胁的能力。而雄性宽吻海豚会去海底寻找一种藻类，然后送给爱侣以此获得它的青睐。这一点的确引人注意，但这只能展示出它们之间存在对异性的选择过程，且决定胜者的方式具有一定的象征性（尽管找到那种海藻的能力，能够表明其觅食的能力），虽然也有一定的复杂性，但是我并不认为这一点能让我们得出海豚懂得（且能够感受到）什么是爱这个结论。

成为母亲的哺乳动物能够对它们自己的幼崽产生一种可以与繁殖本能相提并论，并且与之密切相关的冲动。而说到这个现象，我想到了一件亲身经历过的趣事。发生日食的时候，新闻媒体都忙于报道这一现象对动物行为产生的影响，包括它们会失去方向、行为异常等，当然还有常见的，如狗无法控制地狂吠，马抑制不住地嘶鸣等。有一次发生日食的时候我正巧在农村，而那里正好又有狗又有马。但是令我惊讶的是，它们的行为并没有发生任何异常，这些马和狗的状态就像平时一样，没有任何区别。当时我可真是太失望了！遗憾没能找到任何关于宇宙及其活动对动物行为产生影响的证据。

然而，就在那年夏天的一个晚上，还是在这个村子里，我辗转反侧无法入眠，因为村里的牛一直在吼叫。这声音听起来既有点儿像呼喊，又有点像哀鸣，似乎是在表达着某种诉求，它让我想起了发生日食的时候，动物们行为上的变化，但是显然那时的原因并非如此。第二天早上，当大家谈到这件事时，一位牧民告诉我："因为昨天晚上他们把母牛和小牛犊分开了，今天早上要把牛犊送去市场上卖掉；所以母牛们整晚都在呼唤着自己的孩子，它们总是这样。"

如果动物的母性本能都可以胜过宇宙天象，我们人类又是怎么样的呢？我们大脑发育程度的代价之一，就是我们不得不让自己进化得更加适应自己身上一直就有的生理限制。胡安·路易斯·阿苏瓦加在他的《我们生命最初的旅程》一书中对这一点进行了非常完美的诠释：书名里所说的过程，正是胎儿在离开母亲子宫之前，所要经历的种种曲折。我们的进化程度，以及大脑在我们成年之后所能达到的尺寸和重量，意味着我们出生时的生理发育程度，要远远低于哺乳动物的正常标准。如果我们的母亲更希望将我们"淘汰"掉，那么这种情况下我们几乎是不可能通过产道出生的，因此，与其他物种相比，我们来到这个世界时的无助和依赖程度更加不同寻常。比如你可以想一下这个例子，小马驹在呱呱坠地之后，很快就跟在母亲身后跑了。

除了刚出生时的那种无助以外，作为一个物种，人类所拥有的训练期，也就是童年，也比我们在自然界中所观察的其他动物要长得多；无论如何我们都不能忽略，这是物种能够找到的，达到人类目前地位的最佳方式。一只两岁半的黑猩猩，其颅骨容量已经达到了成年猩猩的95%，而对于一个两岁半的人类幼儿，在10岁前都达不到这个比例。我们人类拥有漫长的童年，这是因为他们需要学习大量的知识，不仅包括生物知识，还有社交知识，另外，他们在进入青春期之前会一直保持这种孩子气，因为这样可以让他们看起来对该物种的成年成员不构成任何威胁。正如在生活中，我们所看到的那样，缓慢的发育会让他们的父母投入成本相对较低的能量和食物，特别是与青春期和生长高峰期相比。

我们生活在这个与互联网密不可分的时代，大家出行可以飞天遁地，几乎已经忘了古人生火的意义，这些观点可能听起来有些奇怪，但我们不能忘记的是，人类的发育模式自几十万年前起就已经固定了：觅食和保护自己的孩子免受族群里其他雄性和凶禽猛兽的伤害，直到（进化意义上的）昨天仍然是现实的问题。在整个人类迁徙的过程中，婴孩和儿童都需要得到其父母的照顾（甚至如果族群正在壮大，还包括其最亲近的亲属）。为了确保这一点，我们的 DNA 中已经深深刻下了保证喂养后代的母性本能。孩子们一出生就能通过气味辨别出他们的父母，特别是母亲。研究表明，婴儿的微笑其实带着明确且坚定的"讨好"意图，他们如此轻易地就做到了这一点，使得我们更加确定：我们体内存在着一些让我们在生物学上倾向做出这种行为的东西。我们对后代温柔以待也是如此，且一般情况下，对其他哺乳动物的后代，即使是那些在成年以后，可能变得危险的动物也是一样。我们很容易在其他动物身上发现幼稚的痕迹，而这一点所有的儿童电影创作者都很清楚，尤其是迪士尼和皮克斯这样的大制作商。

为什么我们要聊这么多关于动物的话题呢？因为我们也是一样，生来也带着和它们一样的本能，即使我们的推理和合理化能力，象征能力以及抽象思维能力，都让我们处于另一个维度。虽然我们了解这种差异，但是还不能停止思考：所有我们称之为"爱"的东西，也就是我们的情感纽带，都有着一种深刻的生物学根源，因此，为了能够获得幸福和平衡，我们需要这些感觉，就像需要身体健康一样，甚至可能要得更多。

我们的氏族部落

人类是一种群居的社会动物，我们以族群的形式得以发展进化，也是以族群的方式组织凝聚。虽然也有隐士、避世者以及那些生活中不愿与他人接触的人，但这并不是我们的倾向。作为物种，我们选择群居，就像那些与我们相同之处众多，且长时间共同生活的其他类人一样。大约 500 万年前，我们与倭黑猩猩和黑猩猩分道扬镳，但这个时间长度与我们作为"一家人"一起生活的 45 亿年相比只是眨眼间。换句话说，如果有两个细胞，一个来自人类，一个来自黑猩猩，二者从开天辟地就生活在一起，直到人类和黑猩猩分开，那么二者其实只有 0.1% 的时间是处于分开状态的。此外，正如我们在前几章里所强调过的，它们和我们的 DNA 之间仅有大约 2% 的差异。

我们这个物种的进化是按部就班进行的：某一方面的进步能够产生一种变化，然后这种变化又引发新的进步，如此往复循环。人类拇指的位置使我们能够更加精确地使用手，这样反过来更有利于思维能力的发育，然后又让我们使用手的能力提高了更多，从挥刀砍柴到画出《蒙娜丽莎》，无所不能。一些科学家将我们大脑容量的提升，与群体狩猎行为联系起来，这个想法很有趣，因为它将生存本能与社会组织能力联系了起来。所有这些都始于进化改变，它让我们能够从食草动物进化到食肉动物。这是一个决定性的变化，因为肉类在提供热量方面明显比植物更高效：一克肉比一克任何植物都更有营养，也能提供更多的蛋白质和脂肪。自 200 万年前起，进化让我们的祖先能够从根本上提升自己的能量摄入，而有些科学家认为，这可能促进了他们大脑的进一步发育，从而在进化之路上把其他物种甩得更远。

阅读我们物种的故事（当然还有其他物种的故事），总是会出现这样一个问题：是先有鸡还是先有蛋？因为与群体狩猎的说法相比，更具有决定性的是"如何"实现这一点。一群人猎杀一头猛犸象在组织和复杂度上是可能实现的，因为他们之间可以进行交流和组织，但反过来，这种可能性会由于所发生的事实而变得更加复杂（如分配任务，确定职能，完善策略）。当然，其他动物也能实现群体狩猎，比如狮子、狼等，但是在这些物种和原始人类之间还存在着一个重要的区别因素：它们没有想象或是制作工具的能力，这就导致它们的进化之路停滞不前。

使人类成为社会动物的另一个原因是，我们已经发展出了作为物种的领地意识。人类会把自己居住的土地认为是属于自己的，并且在上面造屋建房，即使一开始只是临时性的，之后也会寻找更加稳固的场所。在蚂蚁研究方面（以及许多其他种类的社会性昆虫方面）最权威的专家爱德华·威尔逊认为，正是这种"筑巢"的想法使复杂的社会组织出现。因为这些族群的成员被迫共同居住，分工合作。不同之处在于昆虫的组织（请理解我的表达），是由"出身"、DNA，或是幼体在出生时所受到的照顾类型决定的，而在原始人类与我们的祖先身上，社会性占据主导地位，包括改变、联盟、失败和胜利。一只蚂蚁可能一生都在蚁穴中从事防御工作，而一只黑猩猩的一生则可能处于不同的社会阶梯上，南方古猿也是一样。

一个族群内部会为了狩猎中的任务角色，以及回到大本营之后的猎物分配而发生竞争，也会为了选择照顾后代的方式，或是获得最好的同物种伴侣而竞争。这种来自族群内部的压力正是让我们努力发展出作为物种的社会智力的动力，因为在这种群居环境下，社会智力的发展成了生存的关键，包括预测他人意图，建立信任关系，赢得盟友，以及探测可能存在威胁的能力。根据威尔逊的说法，群居是促使我们从原始人类进化到智人的关键因素。这位作者还提出了一个关于群体重要性的研究方法（我们之所以在这个问题上讨论这么多，是因为如果群体在进化上有重要意义，那么我们与之建立的情感纽带也一定很关键），这个方法很能说明问题，并且很容易记住，所以我不禁想要引述它：如果我们假设外星人在大约 300 万年前来到地球，那么他们一定会惊讶于白蚁或是切叶蚁的社会组织所具有的复杂性和完美程度，却不会对大脑和猴子一样大，两足直立行走的人感到惊讶，而这些都是我们的祖先在当时所具有的特征。

今天我们没有必要在这个问题上过多纠缠，因为无论以何种标准衡量，人类所拥有的组织形式都是最复杂的，对自然界及其资源的掌握利用也是前所未有的。所以，如果将进化之路描绘成一条上升的曲线，我们已然到达顶端（虽然许多自然科学家反对这种描述）。

简而言之，人类大脑和智力的发展与我们的群体性是密切相关的，因此，我们对他人的很多感情也或多或少地源于我们的本能。

我们是社会动物，而且早在大约 1945 年（考虑到知识进步的速度）就有一项研究表明：在被研究的所有人类族群中都存在着关系模型，包括在那些没有与他人接触的社区里；有一些可以称之为"普遍"的行为，装饰身体、跳舞、合作、生火、全家聚餐、开玩笑、惩罚其他成员、设立"文明"规则、阶级地位、葬礼形式、集体游戏、竞争，当然还有语言。我们回顾一下就能发现，所有这些都是群体行为，且个体在其中与他人存在羁绊，因此，我们必须学习群体的运作规则，就像所有的游戏都需要在一定的奖惩机制下运行一样。

请原谅我的坚持，但我们不是在说所有人的感觉和情绪都是在"出厂"时设置好的，更不是说我们每一个人在群体中所遇到的每一种情况都在遗传密码中存在预设的应对方式，就像那些社会性的昆虫一样。相反，如果人类确实占据主导地位，那么是因为在所有为生命而斗争的阶段内，我们都是最灵活，适应性最强的（尼安德特人比智人更加强壮，但最后还是灭绝了），因此也是受遗传基因限制最少的。我们想要说明的是，为什么我们与他人之间的关系是如此重要，不管是从社会方面还是从我们自身的基础方面。为了获得幸福，我们需要别人。

共情能力的发现

我们都明白什么是共情，无须再次说明。但是对其生理基础的发现，对于藏在这种感情背后的根源的发现相对较晚，地理位置也相对较近：就在意大利。故事的经过是这样的：一位名叫贾科莫·里佐拉蒂（Giacomo Rizzolatti）的研究人员在研究指导猕猴手部活动的神经元行为时，像典型的科幻电影情节那样尝试在猕猴身上贴满电极，然后通过技术手段让机器记录在每一种情况下，猕猴单个神经元的反应。里佐拉蒂和他的助手将水果片靠近猕猴，然后又拿开，但是接下来出现了意想不到的情况：在实验期间的一次休息间隙，猴子仍旧连着电极，但是电极并没有启动，然后，一位助手拿起了一根香蕉，就在那一刻，传感器突然检测到了他们所研究区域（控制手部活动的区域）的神经元在活动！于是第一个问题出现了：如果当时猴子没有被触动，为什么机器还能记录到它的脑部发生的活动呢？在排除了所有可能的错误之后，他们发现，不管猴子是测试行为的主角，还是旁观别人的行为，它的大脑反应都差不多。

半个多世纪以来，人类一直研究在我们进行某项活动时被激活的，所谓的运动神经元。里佐拉蒂的发现为科学所作出的贡献是，我们也拥有镜像神经元，且其中的大约20%会在看到别人有所行动时被激活。按照全世界在相关方面最权威的专家之一，维拉亚努尔·拉马钱德兰（Vilayanur Ramachandran）的说法："这确实十分令人惊讶，就好像一个人采用了另一个人的观点；就像对虚拟现实的模拟。"这些脑细胞的重要性体现在哪里呢？体现在他们至少参与了对于我们的学习至关重要的模仿和学习过程，而我们之所以是现在的样子，正是得益于我们的遗传物质（DNA）和所学到的东西（文化）之间的结合，如我们在前面的某个章节分析过的一样。

在 10 万 ~7.5 万年前，我们的物种发生了决定性的进化飞跃。那并非一次深刻的生理变化（我们的大脑在大约 30 万年以前就已经具有了现在的尺寸），而是习得了一系列人类独有的技能，比如使用工具，掌握火，诞生语言，以及进行自我表达和理解他人表达的双向能力。拉马钱德兰认为，这些镜像神经元的出现，使得我们能够对新习得的技能进行扩展和概括。如果族群内的某个成员意外地发现了一些意味着突破的东西（比如，使用石块作为工具），则族群内的其他成员也能够学会这项技能，并使其成为共有财产。对后代的教育也是这样。年轻人总是先通过观察他们的父母来学习如何剥下猎物的皮毛，而这项知识将永远成为族群"文化"的一部分，并永远传承下去，只要这是必要且有用处的。

仅就目前我们所说的内容而言，镜像神经元对人类进化的贡献是值得肯定的。但其重要性并不仅限于此。除了能够快速习得知识，并将其代代相传以外，它也对我们的情绪有所影响。我们活动一只手时所发生的情况，与我们看到别人爱抚他人时所发生的一样。得益于这些细胞的存在，我们能够站在远处设身处地地为他人着想。

事实上，当我们看到两个人拥抱时，大脑会记录下这种感受，就好像拥抱的人是我们自己一样，只是相对而言，我们身体的传感器和捕捉感觉的神经（触觉），也在同时告诉大脑，搂搂抱抱的并不是我们。这看起来是件神奇的事，但这就是我们身体运作的方式，以至于如果我们看到某个人的手臂在被爱抚，就算是给我们手臂打上镇定剂，让它失去知觉，也还是能感觉到好像是自己在被抚摸。这种情况是如此复杂且美妙，甚至可以解释为什么一个人手臂被截肢后，当他看到别人的手臂被抚摸时，仍然会感到这个明明缺失了的肢体在被抚摸着。

正因为我们能够设身处地地为他人着想，所以无论是在看新闻时，走在街上时，还有看书时，都能体验到他人的喜怒哀乐。我们知道，因为我们能够从内心真实地感受到这些东西，将他人的感受变成自己的。而且离得越近，所感受到的共情就越强烈。将祖孙三代连接起来的遗传纽带，让我们能够以更加强烈的形式感受到共情，让我们更加强烈地感受到父辈的沧桑，而与此同时，情感和文化纽带也能将我们和一些人与环境，以比其他情况更加紧密的方式联系起来，就像是重力影响逐渐减弱的同心圆一样。但是，如果遇上了灾难，我们的利他主义系统就会被迅速激活，并且发挥出最大的威力，那时，我们都会以特别积极的形式对这样的特殊情况做出反应，且至少是在第一时间。

我们总是在自私和利他这两个奇怪的二元对立中挣扎。简单来说，自私的个体把自己放在群体以上，这样他们在生存斗争中就有更大的可能性幸存下来。但恰恰相反的是，在集体层面正是那些精诚合作且"利他"的群体才能战胜其他群体。为什么？让我们来看一个几千年前发生的场景：在一个群体中，能够将自己的意志强加于人，囤积下更多食物，并且在选择配偶时具有优先权的个体（不管是男是女），其幸存下来的可能性将更大，其 DNA 也能够遗传给更多后代，这是赌上了所有的斗争。然而，如果我们在群体层面看到这一点，想想两个位置相对较近，且所拥有的可用资源类似的村落，那个将任务分配得更好（打猎、供应、管理火种等），内部合作更多，并且能够将力量凝聚起来的集体，与另一个更加自私自利的集体相比可能更有优势（不能说肯定）。更别提在两个集体发生冲突的情况下。在集体的对抗中，智力、理解、谋略和合作，远比个人使用蛮力更加有效。为了避免再次用可能冒犯到读者的足坛轶事来打比方，让我们来想象一下我们的祖先和被我们的祖先所猎杀的一头猛犸巨兽：谁更强大？谁会把谁吃掉？

群体对于我们而言是如此重要，如果没有这种环境，我们的大脑就会发生变化。社交能力正是我们正确发育的关键，由此，当一个人被孤立时，他的大脑结构就会发生改变。这一点得到了来自美国法布罗大学和西奈山医院的研究人员的证实。他们用小鼠进行了实验，成功证实了被孤立的个体，其大脑中的一种名为髓鞘质，能够像润滑剂一样保护神经元之间的连接，并且有利于大脑功能的物质，将会显著减少。这种变化以及某些其他的变化，都与被孤立动物的行为改变相关，而这些动物即使后来重新融入社会，也不再会对群体中的其他成员表现出任何兴趣。推人及己，这一点也证明了大脑结构（生理层面）与群居行为之间确实存在某种关系，以及大脑这个活跃的器官，是会通过环境而非学习实现适应和改变的。

我们的情绪正义

从不同的角度出发，我们都能看出人类是一个由个体组成的物种，这些个体在集体出动时总能表现得更好，并且达到更高的幸福度，但是这里的"集体"并不是指"无政府"状态。每一个成员都是一个复杂的需求和欲望宇宙，但是必须存在一个标准框架，一组代码，或是一套使群体能够生存的游戏规则。与昆虫不同的是，人类个体行为的尺度和模式是灵活多变的，但是这些都是存在的，而且是共有的，甚至是在它们被合理化之前。我们来看看猿猴是如何行动的，就能在某些秩序、正义和奖励的观点下理解自己，而这一点，巴勃罗·埃雷罗斯·乌瓦尔德（Pablo Herreros Ubalde）在他的书《我，猴子》中有所体现。

合作是需要规则的。作为例子，我们可以从黑猩猩的游戏中看出这一点。当两只黑猩猩幼崽在一起时，它们会出现攻击、推搡、追逐和撕咬的情况，但始终处于必要的约束下，以避免造成伤害。而当其中一只是另一只的父母时，则不会使用自己的力量，且幼崽也会保持克制，避免造成伤害。游戏是一种学习和社会化的方式，在各种哺乳动物的身上均有不同程度的体现。对于人类小孩儿也是一样，区别则是游戏规则会更加复杂，游戏种类也更加多样，但所有人还是会遵守这些规则，如果做不到，游戏就会结束。从没有说过"这不公平"的人可以举手站出来。我们可以在生活中发现什么是"公平"，什么是"不公平"，不管是在学校里，与朋友的交往中，还是在爱情里，但是在所有活动中都存在着某种潜在的规则，而我们可以将这种潜在的规则作为标准。因此，当我们了解有人没有遵守规则时，就会在群体中做出反应，并且既可能是针对群体，也可能是针对那些我们认为没有遵守规则的人。反之，如果在"游戏"中感到自在，我们就会表达出自己的满足。

对于"正义"的解释，以及什么是公平，我们都有自己的看法和观点。不仅每个人有，每一个群体也有。其原因也很简单，一套以合作为基础的社交系统，需要一套对应的奖励系统来辅助运作，而如果这套系统缺失，则需要一套基于强加概念的系统作为补充。当然，一直以来都有一些占据主导地位的个体，比如，大猩猩中的雄性银背。此外，还有一套层级结构，但是该结构必须遵守平衡和鼓励的概念，以便让所有成员都同意合作，并且能够看到参与某项集体任务的收益。为了围捕一头猛犸象，他们必须分工合作：部落里的所有成员并非都具有相同的技能，或是处于相同的等级，但是所有人都必须对此项活动做出贡献。无法建立一套"公平"系统以及不能与群体成员合作的极端风险在于，如果没有贡献就会被驱逐出群体，孤独地死去，或者如果你是首领，但没能为每个人分配应得的收获（至少能够维持生计），就不会有人再继续追随你。因此，最明智的做法是确立一套遵守层级结构的奖励系统，这样也保证了最弱小的个体能够存活下去。

然而，要做到这一点并不简单。因为人类的行为是灵活多变的，在自私与利他之间摇摆不定。这种情况也会发生在黑猩猩身上。灵长类动物学家证实，在某个生活在科特迪瓦的物种群体中，某些个体会在进行群体狩猎时，假装狩猎，事实上并不积极参与其中，而是装腔作势，而令人惊讶的是，如果这些个体被抓住，就会被施以"惩罚"，分到的猎物也会比其他个体少。

理解了我们的关系中存在某种潜在规则，且需要一套允许差异，按比例分配以及平衡的系统之后，我们就能全身心地进入主观的世界，来讨论期望以及与他人的比较。我们通常认为存在某种秩序和报应系统，而其中困难或者是复杂的事并不符合我们的期望。因为这些都是我们的亲身经历，所以我们都知道标准是什么，是属于我们自己个人的，且是不可转移的（即使对我们而言，很明显这应该作为一个普遍的模式使用）。我们从自己的个体期望去看待现实（自私），并且倾向于认为自己"优于"同类的平均水平，不管是关于我们英语水平的评价，还是保护环境的意识（这属于我们讨论过的个体偏差，它不仅让我们感觉自己优于平均水平，甚至觉得自己是独一无二的）。

然而，在这里我们也有一个与灵长类动物一样的基础。一位来自荷兰的研究人员用两只卷尾猴进行了一次实验（可以在视频网站上找到）：他先是用黄瓜和两只猴子交换它们手上的筹码，然后改变奖励模式，只给其中一只猴子葡萄（因为猴子会认为葡萄更好吃，所以也更有价值）。这种行为激起了另外一只猴子的负面反应，它认为自己被欺负了，然后就拒绝继续实验，并将筹码扔到了地上。

在上面这个例子中，猴子的诉求是直接、故意且可以衡量的：两只所做的事情一样，但是一只拿到了奖励，另一只没有。这对于它们来说，除了研究人员的心血来潮或是科学精神，找不到其他"理由"。因此，感到委屈的那只猴子反抗了，它所抗议的是第三方强加意愿的随意性。但是这并不意味着动物总是要求在奖品分配上得到公平对待。举个例子：在我们讨论的狩猎群体中，我们可以看到按等级制度和功能分配，所有个体都能接受首领先吃，而且他能够吃掉最好的部分，而出于同样的方式和自然原因，首领也接受为群体的其他个体留下一些残羹冷炙。

我不需要坚持表达人类作为与它们有众多共同之处的动物，却比它们复杂得多这件事，因为我们的脑容量以及大脑赋予我们的自我表现、抽象思维和象征性思维的能力，还有我们的记忆力和交流能力，共同绘制出了一个无比复杂的关系宇宙。现在，让我们来做一个练习，把我们的灵长类动物基础（我们在任何分配中都需要的正义感和分寸感），转移到我们所讨论的复杂性，以及我们强大的内在主观性上，就会发现所有成为我们的特征，并且制约我们的情绪场景有哪些。

如果我们拥有了认为自己应得的东西，我们就会更接近于可以声称自己感受到了幸福的地步，但是，是谁来决定有哪些东西是我们应得的呢？也许在某个具体的环境内，有一个人可以做出这种决定（在工作中，学校里，在我们枯坐冷板凳或是闪亮登场的社区球队中），对于这个人我们可以倾诉自己的爱憎。但是通常情况下都不会这么简单，因为也许我们身上会发生很多事情，好好坏坏都有，且对此我们不能感激或是指责任何人。一个人患上某种疾病不是任何人的错，而要是中了彩票，除了买了彩票这件事本身，可能也不需要感谢任何人。

我认为，我们在以"爱"为名所设定的广义框架下的感情，是我们与他人以及自身关系的反映，同时，就像始终一进一退的单车脚踏板一样，它们在这些关系中制约了我们。以更简单的方式来说，如果我在任何领域内感觉到不公，很有可能我对于这个环境的情绪就会是消极的，且我将从这种消极观点出发去处理自己与这个环境的关系。

我不能确定人类是否是唯一有感情的动物，尽管我倾向于这样认为，因为这些感情与人类的大脑发育程度相关，且在与我们更亲近的动物中，我相信能够找到某种类似的东西，甚至是以胚胎的形式。但是，我能确定的是，在某种程度上，出于某些具有巨大复杂性的独特原因，我的感觉与任何人都不一样。我们分析、计量并内化每一件发生在我们身上的事，甚至那些不是发生在自己身上的事。我们会受到物质、利益和损失的影响，但是也受到这些东西是否存在（真实与否）的影响。我们会被自己身上发生的事情所触动，也会被别人身上发生的事情所触动，不管是否认识那个人。我们的大脑以一种令人惊讶的方式将现实与幻想相结合，以至于我们只需要看看电影、读读书，就能做出身临其境的反应，或是把故事里出现的角色当作有血有肉的人来做判断。我们能够感受到伊涅斯塔进球的狂喜，仿佛是我们自己打进的一样，我们带着熟悉感和亲近感拥抱身边的人，就像我们与他们已经认识了一辈子，类似这种例子我可以写满整本书。

人类所有的感情都以朴素的"正义感"为基础，而复杂的是我们在面对多条阵线时，是谁在为其中的每一条阵线制定应对方式。如果我们得到的东西符合甚至超出了我们的期望，那么我们就会感到幸福、感恩和满足；而如果不是，我们就会陷入恐惧、焦虑、抱怨或仇恨。显然，真实的情况并不像我们在前面讨论猴子时那么简单，决定我们应该收获的爱的数量的是谁？他是怎么决定的？在哪里决定的？如果我们被自己决定爱的那个人忽视或是他们看不上我们，会发生什么事呢？要是有人不顾我们的拒绝而坚持要爱我们，进而侵犯我们，又会发生什么事呢？是谁制定了我们一生中将拥有的朋友的名单？由此可见，影响我们的因素包括物质和非物质，物体和关系，发生在我们身上的事和我们认为发生在自己身上的事，别人告诉我们的事和别人告诉我们其他人告诉他们的事（听到别人转述的污蔑之词与被人当面污蔑同样会让我们生气），而正是在对所有这些反应和这些原始情绪的控制中，我们把让我们感受到幸福的关键东西，转变成了感情。

爱之用处

1950 年，一项在猴子身上进行的实验 [①] 证明，我们从婴儿时期起就需要某种程度的爱。研究人员为小猴子提供了两个"养母"，让其进行选择：一个是带有一个奶瓶的金属装置，在它吃奶期间始终是满的，另

---

① 指哈利·哈洛（Harry Harlow）著名的恒河猴实验。

一个是不能提供任何食物的破布玩偶。所有小猴子的反应都是一样的：在进食的时候选择金属装置，但是结束进食之后就会立刻转投玩偶的怀抱。奶水作为一种必需的食物，不能建立起情感纽带，而在天平的另一端，玩偶与真实的母亲形象越是相似，小猴子越是亲近它。

动物幼崽，尤其是人类婴儿，从出生时就极为亲近母亲，展示出这种依恋的迹象，虽然随着年龄的增长，依恋的表现形式会发生变化，但依恋的潜在需求一直存在。婴儿会在母亲离开时哭泣，4 岁的孩子需要牵着手才能走路，8 岁的孩子则更喜欢独立行走（但依旧会靠近母亲），青少年虽然在表面上挣脱了父母的束缚，但这种深刻的纽带关系会以其他形式继续存在。

母子关系（当然也包括父子关系，我们不能忽略）是如此重要：20多年前，一位名叫玛丽·安斯沃斯（Marry Ainsworth）的发展心理学家通过一项研究成功证实了，母子之间联系的方式，能够帮助预测孩子发育中的情感特征。虽然我不想把这本书变成论文，但还是想指出一点（以及所有意味着简单化的细微差别），这项研究将母亲分为三个类别——负责型、冷漠型和不可预测型，在她们的照顾下，分别出现了三种类型的孩子——善于交际和灵动的，充满敌意且回避亲密关系的，以及害羞和过度敏感的。事情并未到此结束，该项研究没有发现孩子后来的发育，与母亲所投入的时间之间存在直接的关系，而是更多地与母亲照顾的质量有关，这就表明在任何关系中，如何做比做多少更重要。

我不认为有必要继续强调我们天生就爱我们的孩子乃至所属群体的后代。我们与最发达的哺乳动物（例如，你如果在视频网站上输入"母狮"和"拯救"这类的关键字，就能看到母性本能甚至比捕食的本能更加强大）都有这种"感觉"，这已经成为我们能够生存至今，且占据进化金字塔顶端的原因之一。事实上，所谓的"夫妻家庭"在地球上到处都是。这个概念是我从阿苏瓦加那里借来的，而他也是从法国著名社会人类学家马塞尔·莫斯（Marcel Mauss）那里引用来的，它指的并不是我们所理解的婚姻，或是任何其他类型的，具体且正式的联系。它更为简单和直接：就是一种父亲知道谁是自己的孩子并为他们提供帮助的关系，这一点从我们的雄性祖先开始与雌性祖先合作，在后代未独立时期保护和照顾他们的时候就存在了（一开始是针对其他雄性），而作为回报，这些雌性将为雄性提供父子亲缘的保障。但是，这种联系不会以生出直系后代而结束。

试图确保我们的基因能够生存并延续下去的冲动，并不仅仅作用在我们自己的孩子身上，虽然他们的确是我们的下一代，且他们身上所携带的遗传信息包更大，因此我们可以感受到产生原始的保护本能是合理的。然而，如果仅仅是这样，我们就不会有作为人类这一物种的智慧，并为此骄傲了。20 世纪 60 年代中期，英国生物学家威廉·汉密尔顿（William Hamilton）提出了一个复杂的概念，作为达尔文进化论以及孟德尔遗传学理论的补充：包容性（或全局）效力，当我们提到基因传递时，不仅涉及我们自己的后代，还包括与我们有关联的其他后代。对此，阿苏瓦加这样说道："达尔文学说的效力在于通过后代延续传播，而包容性效力指的是可以通过自己的后代（当然），也可以通过兄弟姐妹的后代，表亲或堂亲的后代，以及其他更远的亲属后代来延续。"生殖成功可以直接用后代的数量来衡量，但是也能用所有亲属的后代数量来衡量，而在此情况下，只需要根据亲缘关系度进行加权计算（兄弟姐妹的后代携带的你的基因，比表亲或堂亲的后代更多）。而就社会行为而言，这个观点试图表达的是，我们这种对于按照亲缘关系度（也就是我们所共享的"血缘"比例）向族群其他成员提供帮助，是具有先天倾向的，虽然最后一句话非常强硬，但是我们都知道，人类是非常复杂的动物。我们现在所做的，是从进化的角度进行解释，或是至少解释为什么我们不仅对自己的孩子有保护的本能和积极倾向（"爱"），对于族群里的其他后代也同样如此，这一点并非强迫性的（毕竟我们有那么多共同的基因，彼此之间能够产生许多感情），也不会阻碍每个人根据其他的未遗传因素来建立自己家庭中"爱"的秩序。

现在我们了解了，我们对家庭的爱中携带着很强的遗传因素，因为"喜欢"或者爱，我们为自己的孩子、侄子、孙子或是兄弟姐妹而努力或牺牲的愿望，从生存的角度来看是完全成立的，因为我们是在为自己的基因库提供更大的存活概率（孩子 50%，孙子 25%，侄子也是 25%）。所有人都希望自己的 DNA 能够延续下去。按照阿苏瓦加提出的那个非常容易理解的观点，如果我们建立起一座金字塔，并且将某一个个体（以及他的基因）放在顶端，然后顺着台阶下行，首先是他的孩子，携带着他 50% 的基因，然后是孙子，带着 25%，接下来是重孙子，还有 12.5%，以此类推。如果这个个体成功地实现并推动了其生物继承者的生存，那么他就成功地增加了自己的遗传信息包在自然界中的分量，而当他不复存在以后，其基因还将继续存在。这就是进化的成功，而正是"爱"帮我们实现了这件事。

一开始，人类族群的建立是以亲缘关系的纽带为基础的，这种东西能够维持，但是后面也会有其他关系加入进来，这些纽带首先会随着人类定居生活而产生，然后出现在城市中。对于那些不属于亲属的人，与他们建立合作关系会随着社会复杂性的增加而变得更加复杂。遗传上的"自私"导致我们更爱"我们的人"，但这不会阻止我们去"爱"那些在我们的族群内部，与我们共享某种利益的人。简单来说，我们可以把社会能力定义为拥有众多盟友和极少敌人，这样能够增加我们在一个敌对环境中生存的可能性。从我们这个物种的角度来看，在 100 万年的历史发展中，自然选择会倾向于那些促进社会关系与合作的特质。而一路走来，慢慢地也出现了利他主义和慷慨的行为模式，首先是对那些与我们没有血缘关系，但关系密切的人，然后是从整体而言，对那些我们认为与自己一样的人。今天我们都清楚人人平等这件事，也是一个巨大的进步（例如，西班牙在 1880 年就废除了奴隶制），因此，从某种意义上来说，我们的利他主义应该是普遍且没有限制的。

在人类历史的大部分时间里，我们一直生活在一个由百十来个个体组成的群体中，这些个体可能知道附近有其他群体的存在，并且可能与他们还有介于合作和竞争之间的双重关系，还能与他们进行人员交流。"我们"与"他们"之间的联系与区别都非常清晰。而城市的出现（约 1 万年前）产生了双重效果：一方面削弱了传统纽带，创造了新的关系维度，且其复杂性倍增，直至今时今日。你想想自己现在的情况：你拥有家庭、伴侣、朋友、同事、邻居、俱乐部合伙人等，并且同时与他们所有人都维持着不同程度的情感纽带。在所有这些环境中（也许还包括其他很多环境），你能满足自己的需求，找到自己的位置，并且在广义上活着。而在这些集体中，又存在着对于地位和掌控的天然竞争，当然除此之外也还有合作、协同、联盟和奖惩制度。

我们是唯一能够在没有任何间接或直接利益的情况下，仅凭无法从基因角度进行解释的利他主义的驱动下，跟那些与我们毫无关系，甚至在此之前没有见过，在此之后也不会再见的类似生物合作的物种。想想你在马路上停下来帮助过的人，你扶着过马路的人，你为社会事业做出的捐赠。我们可以说，从广义上来说，我们拥有行善的倾向，但这一点会被与我们相生相伴的自私所平衡，而自私的目的主要是保证自己在生存竞争中的优势。此外，还存在另一种类型的利他主义，在此情况下我们依旧是独一无二的物种：惩罚性利他主义。就像我们能够不求回报地行善一样，我们也会对那些不遵守规则之人进行惩罚，而同时我们不会收到任何直接的好处，这就是所谓的"公共利益"要求，就像在别的城市上报一件自己看到的盗窃案一样。

在所有我们作为个体面对他人的情况中，在所有上述提到的关系层面上（邻居、合伙人、盟友、同事等），我们都在寻求很多东西，但其实可以分为两类：物质好处和非物质好处。关于物质好处及其所提供的欺骗性回报，我们在讲述金钱的部分已经说了很多。而在其他的方面，我们所寻求的是积极的情绪，情感上的满足、认可，以及如果你愿意，还有一定的地位（即使我们处于金字塔的最底端，就像我所知道的，作为皇家马德里球迷，我总是认为我们比那些不是皇马球迷的人"高"一级别）。感情是我们在所有无法掌控的环境下做出的反应，而在此期间，我们必须在自己希望获得的东西与最终能够获得的东西之间寻找平衡，同时也不要忘了，正如我们已经强调过的，我们大家都相信自己比其他人更优秀（或者比平均水平更优秀），而且我们也很容易感觉自己所获得的东西，比我们应得的少。

人们总是引用这样一个例子（你自己可能也经历过）：两个员工被叫到老板的办公室，其中一个被告知将得到涨薪，但随后批评他表现不佳且消极懒散；对另一个则告知他不会加薪，但是领导对他十分满意，堪称所有人的榜样。之后，两人被问到各自感觉如何，结果是后者（令人惊讶地）声称比前者更高兴。这个例子说明，相对于刺耳之词，我们会更感谢友好的话语，这也表明了情绪在我们大脑自带的奖励系统中的重要性。

然而，我还找到了一个案例，非常久远，但我相信能够极大地帮助我们理解自己与他人，以及一般情况下，与周围环境的情感关系。在遥远的 1834 年，一位名叫韦伯（E. H. Weber）的医生进行了一系列非常简单的实验，旨在测量我们感知不同物体之间重量差别的能力，最后他证明了这项能力与物体的总重量成正比。也就是说，如果我们进行比较的物品仅有一两克，那么我们就能够察觉到其中的细小差别，但是如果比较的物品都是 1 千克左右，那就不会轻易察觉其中是否有 1 克的差别。那件事跟我们所讨论的东西有关系吗？我们人类非常善于比较，但是并不善于衡量。而因为我们总是认为自己比别人优秀，总是认为与他们相比，我们值得获得更多，所以这项仅适用于他人的能力，意味着会增加我们获得幸福和平衡的风险。我们会把比较变成嫉妒，而这样就会导致我们变得不幸福。

史蒂芬·平克（Steven Pinker）的作品值得一读，他在《白板》（The Blank Slate）一书中总结道，我们大脑中所产生的情感状态将我们与他人联系起来，并且帮助我们发展出利他主义，同时也阻止了其他人的滥用（就像灵长类动物一样）。平克说到了导致我们对那些想要欺骗他人的人做出惩罚的蔑视、愤怒或是厌恶；也说到了让我们避免虐待自己的愧疚、羞耻和尴尬；最后还有让我们去帮助他人的同情和怜悯，基本没有什么可补充了。我只能说，帮助他人可以给自己带来满足感，认为自己做得不错更让人快乐，甚至比我们在得到别人帮助时所生出的感激之情更让人幸福。

符号的力量

与其他生物相比，我们的大脑容量让我们处于"另一个行列"，而这种差异可以追溯到大约 10 万年前，这大概是象征性思维出现的时间，我们可以凭直觉去理解这种思维，或参考维基百科对其的定义："创造和处理各种符号代表意义的能力。它能够将信息代代相传下去，并且在没有直接现实经验的情况下帮助学习。"

正如我们在讨论人类形态学某些方面的问题时说过的，情感和象征性思维能力之间的关系并不是单向的，而是可以提供持续反馈。也就是说，在进化过程中，拇指位置的变化使我们能够更加准确地完成一些任务，然后这一情况又能够促进大脑发育，进而提高我们用双手所能够完成的任务的复杂性，而当我们讨论的是情感和象征性时，这两个概念都能让我们随着代际相传更上一层楼，并且逐渐强化我们的群体关系。

自然界里的所有物种都能发出该物种中其他成员能够理解的"信号"，并且提供必要的生存信息，包括雌性接受雄性，以保证其幼崽能够有更大概率存活下去。求偶就是这些"信号"之间的竞争，包括力量、掌控力、领地、能力等，不仅发生在异性之间，也会发生在同性之间。根据其在群体中的身份，个体可以将大猩猩敲打自己胸口的行为解读为"最好别靠近我"，或是"你还不过来吗"。我们人类也有这种把戏，具体我们在下一小节再说。现在的情况意味着象征能力出现了差异性的飞跃，我们能够通过语言创造和感受脑子里产生的所有艺术表现形式，包括音乐，来感动自己和他人。

专家们怀疑这些表现是否产生于实用的生存意识，然后再从其最初的用途中被分离出来，升华为更高级的，仅属于情感的层次，或者恰恰相反，在其出现时，其性质就远不止实用性，而是用于对群体更为有用的情感交流。我们可以通过一种更形象的方式思考这个问题，想象一下，当我们的祖先围坐在火堆旁交谈时，他们是在规划第二天的安排，还是仅仅聚集在一起感受群体的力量，分享一个没有具体目的的时刻，就已经足够了。

旧石器时代的艺术和洞穴图画的呈现也是如此：通常是动物（一般情况下是食草动物），人类和一些印刷符号，比如手。令人好奇的是在这些原始涂鸦中，是怎么做到以如此逼真的方式再现这些动物的，而我们的祖先却是以另一种程式化的形式来描绘的。有人认为原始人所画的东西可能是一种预测或是庆祝第二天将发生事情的方式，或是前一天的事，也有一些人提出了异议，因为呈现的动物与现场发现的遗骸并不一致。这一疑问我担心永远也没有办法解开，但也是我们作为理性动物的又一项条件呈现，在此自然、生物和我们独有的思想和谐共存。

同样的，我们这个物种喜欢为了事情本身而去完成它，并且喜欢将精力和资源投入到与我们的生存毫无关系的活动中，这些活动不会为我们带来任何竞争优势。写诗、集邮、听音乐或是弹奏乐器都不具有任何物质意义（即使最终任何一种专业都能实现经济获利，成为一种生活方式，并且"保障我们的生存"）。只是在赢得异性或者同性青睐方面，我们认同其中的一些活动可能会增加我们的竞争力。

在自行车与其两个脚踏板的案例思考中，我们的大脑允许我们像其他动物那样完成任务，并且将其难度提升到这些动物无法企及的高度，这样就能拉大我们与动物之间的差距。而今，我们的大脑要求我们满足这些可能性。我们完成的程度，将取决于我们自己，但是我们需要关注自己的象征能力，以便能够接近幸福。

我们可以围绕对歌剧、博物馆或是集邮的热爱，提出非常复杂甚至俗气的例子。但是，为了显示我们有多单纯，我们将以一种非常简单的方式来解释。我们能够说话、沟通、表达自己，而且我们需要这样做。我说的不是我们在白天为了生活而进行的所有那些交流，不管是口头的还是书面上的。我说的是我们的大脑要求我们进行的交流，这样才能让我们感觉良好。你可以试试花一天时间不和任何人说话，你会发现那时要想处于一种幸福的状态是多么困难，而我知道反过来我们也可以这么说：一整天不停地说话也是一种折磨，可以（随心所欲地）沉默才是一种幸福，同时我们得知道自己在说什么。此外，从心理学的角度来看，说话有利于健康，这就是为什么路易斯·罗哈斯·马科斯在他的《幸福的捍卫者》中提到了讨论问题以降低痛苦的强度。在任何时候你都可以尝试一下：当你对某种情况感到苦恼时，与人分享、谈论它，你会发现它似乎就不那么令人苦恼了。这不是一个自我帮助的建议，而是一个容易验证的现实：与人讨论问题能够降低痛苦的强度。

我不知道你有什么爱好（或者说有多少种爱好），能够让你比旁人感觉更幸福。我可以说的是，有爱好的西班牙人，总是声称自己比那些没有爱好的人更幸福。在此情况下我们可以看看 2008 年和 2013 年可口可乐幸福研究院在爱德华多·庞塞特的领导下所进行的研究。

我们的大脑赋予我们的巨大可能性，加上我们所享有的同理心，开启了一个专属于我们的选择：通过中介来享受我们的兴趣爱好。这听起来可能有些难以理解，但如果我们从审美愉悦和个人享受的双重方面来思考从中所获得的愉悦，就很容易理解了。欣赏一件艺术品，观看一部电影或一场歌剧（甚至是那些收视率最高但没有人愿意承认自己看过的电视节目），都会让我们感觉很享受，即使我们与剧本、演员或我们所赞叹的画之间并没有什么关系。它给我们带来了快乐，因为它能为我们提供一种超越任何实际考虑的情感，而我不知道这是否会影响我们在其中看到自身的投影，欣赏我们所拥有的某种能力，或者作为物种，看到能成为群体中表率的那一个个体。这是一种我们大家都有的能力，它使我们高兴，使我们产生幸福感。我们每个人的品味不同，但只要艺术能让我们感到满足，哪怕一个艺术概念也能让我们感觉更好。所以，有艺术爱好的人也会声称自己生活得更快乐，而我认为这与我们大脑创造的一种需求被满足的感觉有关，审美和艺术表达几乎从我们开始与社会交往的那一刻就出现了。我们对歌手、演员、艺术家和知识分子的钦佩，可以与我们产生共鸣的能力联系起来，比如在音乐会上，当我们在看台上与成千上万人一起唱歌时，我相信（这是我的看法）我们的感受与舞台上独唱者的感受是非常相似的（就个人满足而言），尽管在那一刻他扮演的角色是一群人（满心欢喜）的领导者，而我们扮演的则是忠实的追随者。

在对象征能力的简单列举中，我们不能忽略体育，因为它是集体情感的最重要的表达，在我们所希望看到的所有方向上都有着强烈的象征性成分。我们从小就经历过的，对某些特定的足球俱乐部的认同过程，具有巨大的力量，以至于在绝大多数情况下，除了支持的球队，一个人生活里的所有事情都可能发生改变。

在这个问题上，人类涉及的三个角度是重合的：交际能力、共情能力和情感，就像一杯鸡尾酒，解释了与体育比赛的胜负相关的感受。我们都知道，人类是一个社会性的物种，甚至是最具有社会性的：如果我们把它理解为个体自愿形成的总和（蚂蚁或白蚁可能比我们更具有"社会性"，但它们都受到遗传密码影响而没有选择能力，只能遵循其基因中标记的模式）。在对俱乐部的认同中，我们找到了一种将自己融入集体的方式，这并不是足球成功的结果，但我们可以将这种潜在的感觉（至少）追溯到罗马时代，从那时开始，竞技比赛开始成为赢得人们支持的奇观，并且具有社会性：成千上万人在看台上观看战车比赛，通过其外衣的颜色来识别战车手们（"司机们"）。起初只有两支"队伍"——白队和红队，后来奥古斯都增加了一支蓝队，卡里古拉则增加了一支绿队，他们各自的追随者都穿着自己所支持队伍的颜色来到斗兽场（皇帝们也是一样）。根据宾夕法尼亚大学的一项比较研究，历史上最富有的运动员不是梅西、C罗、迈克尔·乔丹或老虎伍兹，而是生于公元104年的战车手加约·阿普莱奥·迪奥克莱斯（Gaio Apuleio Diocles），他的收入相当于现在的150亿美元。而且那个时代还没有出现电视。

作为一个群体的成员使我们感到欣慰，给我们带来安全感，使我们能够辨认出自己（也包括那些不属于自己的部分），而这些信息非常有用，其在进化方面的根源也非常明显，以至于我们没有必要固执己见，因为我们都可以了解到人类的祖先在旧石器时代的生活情况。

除了感觉自己是一个群体的成员（这一点总是能为生存提供优势：在一个群体中比单独面对恶劣环境更容易存活下来），追随一支球队可以让我们把自己投射到其成员身上，并在充当观众时与他们有同样的感觉。这证明了我们的镜像神经元对我们有很大影响：我们可以感受到身体的快乐，肾上腺素带来的冲动，催产素带来的冲动，世界杯决赛中进球带来的"冲动"，即使我们躺在几千公里之外的沙发上。我没有办法对此进行量化衡量，也不认为其他人有办法，但我不认为安德烈斯·伊涅斯塔2010年在南非世界杯决赛打进制胜球时感受到的快乐，比看到他打进制胜球的数百万球迷中的任何人更多。当然，虽然我不能衡量这一点，但我认为在"正式"的条件下可以进行比较。因为在比赛的那一刻，得益于我们的大脑机制，我们会感到（或至少我们中的非常多的人）如同自己"正在"球场上（感觉和球场上的人一样）。此外，焦虑机制（"哦！我们要输了"）和进球产生的释放感（"我们赢定了！"）也是和场上球员同时经历的，而且是以同样的顺序经历的（从恐惧到快乐）。这并不是体育界所独有的，当我们看到令我们感动的东西时也总是会起作用的；这是解释电影中的亲吻或告别在我们心中产生的情感的唯一方法。

我们从一项成就中获得的情感与我们在任务中投入的情感是分不开的。事情本身是否重要或令人满意，取决于我们每个人对它们的期望和评价。我们所提到的案例中发生的情况是，我们绝大多数人都在这件事上投入了大量的情感因素。这一点能够扭转我们的观点，为可实现的幸福寻找理由，同时把体育作为一个隐喻而不是唯一的例子。在家乡上山远足，和你的朋友一起取得进球，或者和你的同事一起投几个篮，如果你带着必要的情感去做，这些运动也同样能给你带来乐趣，并且提供类似于参加重大冠军杯赛的情感回报。当然，你必须给这项活动一个积极的倾向（享受、团结、快乐），因为如果你用负面情绪（愤怒、报复、恐惧）来调剂竞争，通常会以挫折和失望告终，从而导致不快乐。我知道这句话写出来比遵守起来更容易，但至少我们不需要去知道它的理论。

强调情绪在我们行为中的重要性的最后一个方面，是我们传递情绪的能力。思想是不会传染的，但它可以传播。理性可以被阐明、表达、印刷、解释，或是其他任何我们能想到的，与沟通概念有关的动词。但无论如何它都需要被表达，才能被理解（或是不被理解）。思想是不会传染的，定理或物理公式也不会。我们的理性大脑确定了它们，然后找到了表达它们的方法。从更日常的层面上来说，我们可以坐在某人旁边几个小时，而不知道他们在想什么（即使是一个我们非常熟悉的人），同样，他们也不知道我们在想什么。所以，我们才会都曾问过或听过那个著名的问题："你在想什么？"

我们可以主动隐藏自己的意见和想法，甚至在被直接问到的时候，必要时还可以对他人撒谎，许多作者都把这一点与我们的社交能力联系起来。想象一下，如果我们的思想是透明的，对所有人都是可见的，那么距离第三次世界大战就只有一步之遥了。关于弄虚作假以及我们如何和在多大程度上会这样做的问题我不想扯得太远，我建议大家阅读一下丹·艾瑞里（Dan Ariely）的《不诚实的诚实真相》[*The（Honest）Truth About Dishonesty*]。剧透一下，我喜欢他的结论：我们可能都会撒谎（或是在考试中作弊，或是伪造我们的简历），但仅限于一定程度上，因为这能让我们保持对自己的良好评价。人类真是太神奇了！

然而，与思想不同的是情绪有着与打哈欠相同的传染方式，其原因都是通过共情。所以一些实验得出结论：我们模仿别人打哈欠的难易程度可以衡量我们的共情水平。换句话说，一个人越容易被另一个人的哈欠所影响，说明他的共情能力越强。

从这个角度来看，情感及其"像病毒一样"的传染特性，似乎让我们在进化道路上实现了一种社会功能。它们确保在不需要理性干预的情况下，我们能够与其他群体成员进行沟通，让他们知道我们的感受，因为他们也有同样的镜像神经元。这就是为什么我们在电影院看电影时，比在家里独自看电影更容易哭（这是有可能的，所以我们得提出来），而与独自听那些自言自语相比，在有更多人的独白室里听到这些话更容易让我们发笑。

关于其传染性和非理性的一个简单证据是，想想在家庭聚会或是与朋友在一起时，一旦有人开始笑，一会儿你就会发现自己不知道为什么也在跟着笑——只是因为别人在这么做。你不需要知道快乐的原因，只要看到人们在笑，你也会马上发出笑声，而如果你想一想，在你身上发生的反应并不取决于他们笑的原因，而是取决于你对那些在笑的人的亲近感，所以你的笑声是你情感依恋的表现。反过来说，你可能记得有几次你听到一个群体的笑声，但你并不觉得自己是其中的一员（例如，在餐馆里你旁边那一桌客人），你甚至会觉得很烦躁，这不是因为你不知道他们在笑什么，而是因为他们不是来自你的群体。

群体的概念在发达社会是有弹性的。我们可以对离我们不到1米远的，正在用餐、散步或玩耍的人感到疏远，而对身处几千公里外的人感到亲切。而所有这些纽带都是围绕着我们对周围环境做出反应的情感而建立的。如果我们回到在上面提到的那个餐厅里，虽然我们的座位远离其他所有的桌子，但突然有一个人心脏病发作（结果他只是被吓了一跳），我们马上会觉得和这个人以及在场的其他所有人的关系更亲近了一些，因为我们已经共同经历了一些东西（对死亡的恐惧、同情心、团结或是任何其他感觉）。

情感是一种具有巨大力量的集体胶水。它们既可以是快乐的，也可以是悲伤的，并且与我们对发生在自己身上的事情的反应有关。2004年3月11日这一天我们被悲剧所淹没，所有的马德里人都做出相同的反应；每个人都不知所措，悲痛欲绝，陪伴着受害者和他们的家人一起悲痛，分担愤怒和痛苦的感觉。我记得那之后的很多天，没有人在街上大声说话，没有人插队，没有人让路，每个人都把车开得很平稳，在车与车之间或在街上对视的眼神都是悲伤的。然后，时间逐渐消解了这种悲伤（虽然在许多方面仍然是不可磨灭的），我们恢复了正常模式。另一个极端是西班牙夺得世界杯冠军并且卫冕成功，特别是在 2010 年赢得的世界杯，给人类带来了日益增长的乐观和喜悦，当我们在约翰内斯堡赢得决赛之后，奖杯被搬到马德里，数十万人在现场观看，数百万人通过电视观看，这种喜悦溢于言表。我们当时都处于一种有点非理性的快乐和幻想状态（我相信有些人不是，但从统计学上讲，我们都是），但它是如此普遍和共通，以至于我们感到与在路上遇到的每个人的状态都很接近。在那些日子里，我们与附近认识的人比以往任何时候都显得亲近，只因为我们因共同的情感而结合在了一起，而那些我们完全不认识的人也能与我们亲近，因为他们有着与我们相同的快乐，并且每个人都戴着在那些日子里代表快乐的符号：任何红黄相间，甚至只是红色的物品或装饰。

你脑子里的宇宙

2014 年 4 月中旬，各路的新闻中充斥着对 17 日去世的加布里埃尔·加西亚·马尔克斯（Gabriel García Márquez）及其作品的报道。在有关马尔克斯的众多文章和轶事中，我想特别强调其中一篇，在这篇文章中，马尔克斯讲述了在自己最著名的作品《百年孤独》[①]中，每个人物的结局都是由他们的自身发展决定的，因为他当时已经预见到了另一个结局。皮兰德娄（Pirandello）在《六个寻找剧作家的角色》中，以及乌纳穆诺（Unamuno）在《迷雾》中都谈到了这一点，但他们现在并不像这位哥伦比亚籍的诺贝尔奖得主那样有名。

我开始写作的初衷就是解释一个怀疑论者如何看待与幸福有关的问题。"幸福"这个词在今天如此时髦，以至于我们可能要冒着贬低它的风险，就像市场刺激、营销活动、广告和企业的膨胀，它们试图把自己

[①] 《百年孤独》是哥伦比亚作家马尔克斯的长篇小说，是拉丁美洲魔幻现实主义文学的代表作。——编者注

放在接近幸福的地方，以求得到消费者的认可。这并不是针对他们中任何一个人的批评，更不是对以其为研究主题的研究所和为幸福大会开辟道路的公司的批评。这些会议取得了相当大的成功，对各种项目的开花结果贡献良多。这是对广告和传媒世界的过度充斥、缺乏管控措施，或是流动性太强的一种反思。以前我们对"幸福"这一主题的宣传十分匮乏；但现在我们可能面临的风险是，我们有可能让公众的注意力饱和，因为太多与这一主题有关的陈词滥调会使其失去价值。

从对热情的怀疑论开始，我开始阅读相关书籍，将收获整理成文字并将成果交给出版商，这样来决定自己的发展方向。我一开始使用的原标题是《怀疑论者的幸福》，因为这些内容所包含的不再是情感方面的远见，而是研究、实验和想法的汇编，帮助我们（我希望至少能够帮助我们）了解自己的内心是怎样的，以及当我们思考生活和我们的需求时，直觉在多大程度上优先于理性，主观在多大程度上优先于客观，所以并没有采用原标题。我们是感性的存在，无论是否是怀疑论者，都被赋予了所有能够通过我们的感受与他人建立联系的工具；而如果没有他人，我们会发现自己更难获得幸福。

在这本书里，我们谈到了大脑使我们成为现在的自己，也提到了一点关于宇宙的东西，这里指的是我们伟大的生活容器。理性主义之父勒内·笛卡尔说过很多容易被人记住的名言（如我思故我在），但是在他之前，有人甚至说宇宙只存在于我们的头脑中。这怎么可能呢？所有存在的东西，所有我们认为存在的东西，我们通过感官感知到的东西——"一切"，实际上都可能是我们想象力的成果，我们可能就是在做梦。但是，这是真的吗？会不会是我们做梦梦到了自己，而其实我们是不存在的？答案当然是不可能。感谢笛卡尔让我们了解到，如果有一个人在思考，那就意味着他的存在，这就是上面那句话的意思。如果有一个思想在思考，那么至少就有一个能够这样做的生命体存在。

就目前而言，我们已经知道自己的存在（包括阅读的你和写作的我）。现在让我们继续讨论宇宙，它是否存在？是的，它存在。而令人惊讶的是，有多少想法将个人与宇宙联系起来，又有多少相似之处可供借鉴。

首先，神经科学和物理学，或者说天体物理学，如果你愿意，这两个领域都是近年来进步最快的。爱德华多·庞塞特经常说，思想是知识的新前沿。而得益于调研、力学、机器人和新材料的发展，地球上最杰出的科学家们已经设计出机器，以及试图解析、测量和预测我们思想运作方式的程序。他们设法打开的每一扇知识之门都会通向一个新的未知。

宇宙的情况也是如此。爱因斯坦的能量和物质关系方程（$E = mc^2$），几乎和这位 20 世纪最受欢迎的知识分子那头爆炸头发一样广为人知。牛顿的苹果和万有引力的科学发现（以及支配万有引力工作的规律：质量除以它们之间距离的平方）也是人类共同遗产的一部分。我们都知道光速的数值，它每秒行驶 30 万公里。但每一次发现，都会伴随着新的问题，首先是科学问题，最终是哲学问题，比如："上帝掷骰子吗？"（顺便说一句，如果我们谈论的是亚原子粒子，答案似乎是肯定的。）

有一个数字在你第一次读到它的时候就深深地吸引了你：100 000 000 000。这件事至少发生在了我的身上：这是对宇宙中有多少个星系的最常见估计。以同样的普遍性来计算，它们中的每一个都有或可以有大约 1 万颗像我们的太阳这样的恒星，也就是一个正在被消耗，且一直到它被耗尽的氢气球。现在，我希望这个数字已经让你感到响亮而巨大，你知道一个成年人的大脑平均有多少个神经元吗？没错！也是大约 1 000 亿个，这个数字非常可观，所以应该谨慎对待以免增加混乱。而需要澄清的是，这个等量数字更多的是诗意和象征性的，而不是精确的（因为也没有人真的去数过它们）。

我只谈到了神经元，因为它们是具体的脑细胞，如果我们谈论的是人性，就能看出差别了。神经元的发现很早，但对其形状的认知（由于发现了正确的着色剂才使得它们在显微镜下可见）得益于一位西班牙医生和研究员，圣地亚哥·拉蒙·卡哈尔（Santiago Ramón Cajal）的辛勤工作，他因此项成果于 1906 年获得了诺贝尔奖，"以表彰他对神经系统结构研究的贡献"。神经元的基本功能是传递信息，那么它是如何做到这一点的呢？这个问题的答案，是那些你需要思考很长时间才能得出的答案之一，它是这样的：通过电信号和化学反应的结合，以每秒 5~120 米的速度传输发出脉冲，还有一些类似于在实验室中可以实现的过程，但所有的一切都发生在你的大脑中。

神经元呈现一个非常有特点的树状形状。沿着被称为"轴突"的神经元主干生长（也有人把它比作电线，也许这种说法才更准确），电脉冲被传送到它的底部，那里即使相对于细胞来说，也是非常小的小包，里面装有不同的神经递质（多巴胺就是其中之一，而已知的有大约 50 种不同的神经递质）。这些神经递质跨越空间"跳跃"到下一个神经元（突触）上，将后者激活，然后通过轴突和树突传递新的电脉冲，如此反复。这已经是一个过于简化但却非常形象的说法了。

我们能够得知这一点，是因为科学已经为我们提供了越来越精确和不那么咄咄逼人的仪器，才能首先发现并在随后"测量"这个在我们大脑中发生的过程。我们已经说过，可能是神经科学史上引用最多的案例——菲尼亚斯·盖奇，以及如何开始检验新皮层（进化程度更高的"理性"部分）和人类行为之间的关系。但现在，让我们问一个我们自己也没有答案的问题（或者找到的答案总是离问题很远）：如果神经元是一群对电刺激和化学刺激有反应的细胞，它们又是在什么时候把我们变成何塞、米格尔、特雷莎、帕奎塔、你或者我的呢？一群微小的生命是怎么把自己全部定义为皇家马德里球迷、巴塞罗那球迷、流行音乐爱好者或时髦音乐爱好者的？简而言之，自我意识是如何诞生的？我们每个人是如何知道自己是谁，而非对面那个人的？

既然我们没有答案，那就换个环境，走出我们的头脑，去宇宙中探索吧。人类作为一个物种，我们所知道的东西似乎都直接来源于科幻剧本，还是那种虚构到没有人敢写的类型。但事实证明，你所看到的一切，宇宙中存在的一切都不是我们建造的，而是来自于一个被称为"大爆炸"（Big Bang）的巨大初始爆炸，这个概念已经相当流行（由一位比利时牧师提出的），但从物质上来说，要获得一个真实的印象是不可能的。一个无限小的点的爆炸，产生了如此大的威力，如我们所说的，宇宙中大概有 1 000 亿个星系。然而，为了避免我们认为自己已经在第一时间理解了这一点，让我们做一个澄清：并不是说在宇宙的中心有这样一个点，随着它的爆炸，宇宙就被填满了。实际情况要复杂得多，甚至更难理解：在那场爆炸之前什么都没有，既没有时间也没有空间。

一切都是从那一刻开始的，就在大约 140 亿年前，而在此之后我们才有了可以谈论的"以前"和"以后"，"远"和"近"。

自从希腊人将最小的粒子称为"原子"以来（其字面意思是"不能再进行分割的东西"），我们已经走过了漫长的道路，直到 2013 年，人们才发现了被称为"希格斯玻色子"的东西（它还有一个希格斯教授不太喜欢的假名，但更加流行："上帝粒子"），这将是一个在日常生活中无法看到，也无法通过最复杂的手段检测到（当然只是到目前为止），但确实存在的"东西"，其作用是将其他亚原子粒子组合在一起，形成我们所知的所有物质的根本。它将是一种无限小的"胶水"，或者是一种纽带，将那些存在但我们看不到的东西组合在一起。这是 1929 年生于苏格兰纽卡斯尔的理论物理学家，彼得·希格斯（Peter Higgs）的功劳，他在 20 世纪 60 年代就得出结论，这种粒子肯定存在，这一点也再次提醒我们，现存精度最高、最准确且最有远见的机器不是别的，而是人脑。一个总是能够问自己最简单的问题的器官，把我们引向了最绝对的复杂性。他当时提出的问题是，为什么有质量的粒子会有质量？而他不仅提出了这个问题，还找到了理论上的解决方案。多年后，技术的进步，数十亿欧元的投资，日内瓦的粒子加速器，加上数百名科学家的智慧，提供了证据表明他的观点是正确的。

为了找到希格斯玻色子，科学无疑已经走过了非常漫长的道路。正如旅行者 1 号空间探测器一样，它是第一个在太空中出现的人造物体，而离开太阳系，即超越了太阳的引力场，或者换句话说，它飞得比冥王星还远得多。2013 年 9 月中旬的新闻用了大量篇幅和醒目的内容来记录这个历史性的里程碑，甚至有时一些细节仍然让我们无法理解。这个航天器自 1977 年以来一直在飞行，迄今为止已经走了近 200 亿公里，且它的速度是每小时 5.6 万公里。当然这是在平流层的数据，我们也没有更好的说法了。

在谈论人类的这一壮举时，令我着迷的是这个航天器的发射利用了木星、土星、天王星和海王星的特殊排列方式，这种方式每 175 年才出现一次。而那些来自 20 世纪 70 年代末的计算，在手机、笔记本电脑、互联网或者社交网络出现之前，就已经非常准确，于是这一切梦想才成为可能。不得不说这是人类思维的壮观成就。

虽然我们取得了伟大的成就，但并没有得到所有的答案：这一切到底是如何产生的？"大爆炸"只是一个开始，还是一个已经销声匿迹的早期宇宙结果？正如我们对大脑的认识一样，科学使我们进步，但仍然无法对儿童可能提出的，看似简单的问题给出答案——我们是从哪里来的？当我们死去时会发生什么？其他星球上存在生命吗？等等。

或者，让我们简单看看人们在著名的拉什莫尔山（Sr. Rushmore）上干了什么：为什么我们是马德里竞技队的球迷？为什么我们有时需要一个拥抱？或者为什么我们需要感受到爱？

本书的内容在很大程度上得益于媒体，特别是新闻媒体（无论是传统纸媒还是新媒体），得益于其出现的科学成分，因为它们全面介绍了我们在这个新世纪所经历的科学进步。在2014年的头几个月，当我正在完成各章节并为本书定型时，发生了以下这些与我们所讨论主题最相关的新闻，它们也体现出我们作为一个物种，积累知识的惊人能力。

- 位于南极洲的一台望远镜检测到了表明宇宙正在加速膨胀的第一个证据，正如1980年一位科学家的理论模型所预测的那样。我们已经能够测量从开始这一切的大爆炸中产生的引力波，于是有人能够准确地说："我们已经实现了对'大爆炸'的'爆炸'进行测量。"

- 艾伦脑科学研究所（以比尔·盖茨在微软的合作伙伴，保罗·艾伦的名字命名）推动了对小鼠大脑中神经元连接的详细研究，而小鼠有7 500万个神经元。这项工作将能够让我们更好地了解思想是如何工作的，以及了解让我们的思想有别于其他动物的独特性差异。

- 美国纽约大学的科学家们成功地从酵母细胞中合成了一条完整的染色体，而酵母细胞是一种与人体细胞一样复杂的细胞。这并不是说这些科学家创造了生命，而是说他们已经能够创造出一个染色体，并将其植入一个活的生物体中，而这个生物体还能继续正常运作。这无疑是一项为开发新药、生物燃料或任何其他将改善我们生活质量的应用开辟道路的突破性成果。

- 所有媒体都报道说，警方决定（在唯一被定罪者同意的情况下）在最应受到谴责和最著名的刑事案件之一中，使用脑电波仪（P300成分）[①]来试图找出真相，其原理是大脑对它认识的对象有不同的反应，因为它以前就认识这些人。这就是某种意义上的测谎仪，只是其中测量的不是脉搏的改变，而是思维的不同节奏。这台机器目前仍然饱受质疑，但这确实表明了我们在这一领域取得的进展。

- 俄亥俄大学将反映我们情绪的"手势语法"扩大到21种，包括了其他人可以从我们的脸上读出的面部表情。在对230人进行研究之后，科学家创建了一组代码，使得我们有可能描述复合的情绪，而除了公认的六种经典情绪：快乐、惊讶、愤怒、悲伤、恐惧和厌恶之外，还有"快乐地惊讶"或是"悲伤地愤怒"。地球上有60多亿人，我们能够读懂我们任何一个同伴的情感。

---

① P300成分是事件相关电位的成分，是由刺激诱发的潜伏期约300ms的晚期正波。——编者注

这也许是对这本书内容的最好总结，我们从谈论幸福开始，结束于对身体和情绪之间相互关系的探讨，以及我们是什么样的人就会有什么样的生活，而我们的生活也会将我们塑造成相对应的人：密歇根大学的研究表明，在恶劣环境和不健全家庭中长大的孩子，其染色体会加速老化。这项研究与端粒有关，这是基因的保护结构，确保其能够在良好的条件下复制，因此端粒越长，人就越健康，也会越长寿。

美国广播公司曾发布一则名为《悲伤的童年会使染色体过早老化》的新闻报道，这几乎把我引向了思考的终点。大自然将我们和一本说明书扔到这个世界，但之后赋予我们生命的，正是那些从我们小时候就围绕在我们身边的人，而最后，让这些说明成为现实的，是我们自己和我们身上所发生的事情。

也许在来到我们身边的幸福中，有一部分是写在我们的 DNA 里的，但是为了找到它，我们得像一直伴随着曼德拉的那首诗——《不可战胜》① 中所说的那样，做"自己命运的主人，自己灵魂的领袖"（或者说是我自己喜欢这样认为）。然后，我们还应该与他人分享幸福：这是我们能做到的最美好的事情。

---

①　*Invictus*，与关于曼德拉的电影《成事在人》同名。

致谢

大量事实证明，心怀感恩能够让人产生幸福感，对于感恩者自身也是一样，所以接下来这些话能让我产生极大的满足感。与此同时，我在下文所提到的那些人，才是这部作品真正的推动者，没有他们的话，我可能根本没有办法完成这本书。

这部作品倾注了我们的心血，希望能对您有所裨益，但如果其中有错漏之处，也请不吝赐教。

首先，我想感谢爱德华多·庞塞特先生与埃丝特·洪科萨（Esther Juncosa）女士。爱德华多给了我很多鼓励，并且慷慨地为本书作序，也是他引导我一路保持对科学的好奇心，教会我幽默和严肃并非对立。感谢马里奥、胡安·路易斯、哈维尔、另一位哈维尔，以及所有积极支持幸福研究所项目的那些聪明而富有创造力的人们，我从他们身上受益良多。此外还有那些提出这个创意的人们，他们中间我想特别感谢马科斯。

感谢埃莱娜（Elena）、纳德尔（Nadyr）、佩德罗（Pedro）、伊特萨索（Itxaso）和皮拉尔（Pilar），在我写作期间一直鼓励和帮助我，为我修改和校对。

感谢阿尔伯特（Albert）耐心地审核和改进我的原稿，他始终坚持标准，同时又不失亲切和友善。

感谢约迪（Jordi）、米利阿姆（Miriam）以及整个平台团队，始终愿意倾听和信任我，即使我唯一能仰仗的只有我们之间的友谊。愿我们的友谊长存！

感谢我所有的朋友和家人，感谢他们在我写作期间，一直忍受我的喋喋不休，并且不求任何回报。他们知道我说的是谁，感激之情不胜言表。

感谢那些带着真诚的爱意，始终陪伴着我的人们，他们如同在足球赛场上为自己的主队助威一般，为我高唱着"来自莱昂的作家"。如果有一天我离开了，他们将延续我的生命。祝愿他们能获得幸福。

感谢生活，感谢它带给我的一切！